普通高等教育"十二五"规划教材

# 计算机辅助设计

## ——AutoCAD 2014

主　编　王玉红
副主编　宋建平

中国水利水电出版社
www.waterpub.com.cn

## 内 容 提 要


本书内容分为 8 章，主要讲述 AutoCAD 2014 软件的操作及在园林和室内设计中的应用。第 1 章为基础的知识，内容包括软件的基本操作和软件的应用范围等；第 2～6 章为本书的主体，内容包括二维图形、文字、标注、块属性等的创建和修改；第 7、8 章内容包括 AutoCAD 外部参数和输出设置。全书每章结构是先工具的功能讲解后实例练习，通过实例对工具的具体应用进行细致的讲解。

本书内容丰富，可作为高等院校园林、景观、园林艺术设计、室内设计专业的基础教程，也可作为从事园林设计和室内设计相关工作的初学者的入门参考书。



**图书在版编目（CIP）数据**

计算机辅助设计 : AutoCAD 2014 / 王玉红主编. -- 北京 : 中国水利水电出版社, 2015.1(2025.1 重印).
普通高等教育“十二五”规划教材
ISBN 978-7-5170-2905-2

Ⅰ. ①计… Ⅱ. ①王… Ⅲ. ①AutoCAD软件－高等学校－教材 Ⅳ. ①TP391.72

中国版本图书馆CIP数据核字(2015)第020873号

| | |
|---|---|
| 书　　名 | 普通高等教育“十二五”规划教材<br>计算机辅助设计——AutoCAD 2014 |
| 作　　者 | 主　编　王玉红<br>副主编　宋建平 |
| 出版发行 | 中国水利水电出版社<br>（北京市海淀区玉渊潭南路 1 号 D 座　100038）<br>网址：www.waterpub.com.cn<br>E-mail：sales@mwr.gov.cn<br>电话：（010）68545888（营销中心） |
| 经　　售 | 北京科水图书销售有限公司<br>电话：（010）68545874、63202643<br>全国各地新华书店和相关出版物销售网点 |
| 排　　版 | 北京零视点图文设计有限公司 |
| 印　　刷 | 清淞永业（天津）印刷有限公司 |
| 规　　格 | 184mm×260mm　16 开本　10.25 印张　249 千字 |
| 版　　次 | 2015 年 1 月第 1 版　　2025 年 1 月第 2 次印刷 |
| 印　　数 | 3001—3500 册 |
| 定　　价 | **36.00** 元 |

# 前言

AutoCAD 是由美国 Autodesk（欧特克）公司于 20 世纪 80 年代初开发的绘图软件，经过不断地完善，已成为流行的绘图工具。AutoCAD 可以绘制二维和三维图形，同传统的手工绘图相比，AutoCAD 绘图速度更快、精度更高，它已经在航空航天、造船、建筑、机械、电子、化工、美工、轻纺等领域得到了广泛的应用。

AutoCAD 具有良好的用户界面，通过交互菜单或命令行方式进行各种操作。多文档的设计环境让非计算机专业人员也能很快地入手。

本书为 AutoCAD 软件的入门级教材，主要讲解二维绘图，全书共分 8 章，内容由基础操作到绘图再到修改绘图。每章的内容都是先工具讲解后实例练习，实例讲解按由易到难的顺序进行，开始章节中的实例比较简单，也容易掌握，后面章节的实例中有较复杂的绘图，内容也较多。本书实例多为园林和室内设计的制图，相对实际的施工图要简单。

第 1 章和第 2 章讲解基础知识和基本操作，如文件的打开和关闭，坐标的输入方式等内容；第 3 章为绘图辅助系统，也就是如何准确和高效的绘图，在 AutoCAD 软件中提供了正交、捕捉等工具；第 4 章为本书的重要部分重点介绍二维绘图，本书主要围绕二维绘图进行编著；第 5 章讲解文字、标注和填充，主要是文字的创建和修改，标注的使用和修改，填充中参数的设置等内容；第 6 章讲解的二维修改工具是本书较重要的部分，本章对各种修改工具的用法进行了详解；第 7 章和第 8 章介绍了块及外部参数的应用和输出设置等内容。

本书是《计算机辅助设计》课程的指定教材，章节设计上也相应考虑到课程设置的需求，每章为 4 课时，总共是 32 课时，也可以实例的方式扩充到 64 课时。本书由王玉红主编，宋建平副主编，纪新蕾、昌佳、肖杰参编。由于编者水平所限，疏漏和不当之处在所难免，恳请专家和广大读者批评指正。

编者

2014 年 11 月

# 前言

# 目录

# 第 1 章　AutoCAD 基 础 知 识

## 1.1　AutoCAD　概　述

AutoCAD 是一个功能强大的软件包，通过学习 AutoCAD 软件，掌握用计算机绘图的能力。AutoCAD 从 R14、2000、2002、2004、2005、2006、2007、2008、2009 一直发展到目前的 2014 版本，功能越来越强大。它不仅可以轻松地解决最严峻的设计挑战，而且借助其自由形状设计工具，可以创建任何形状，其参数化绘图功能减少了大量的修订时间，还可以轻松地以 PDF 格式共享设计创意，并可以借助软件的三维打印功能将作品打印成形，总之，AutoCAD 2014 能够帮助设计师更快地将创意变为现实。

AutoCAD 广泛应用于装饰装潢、土木建筑、城市规划、园林设计、服装、航空航天、化工等诸多领域。

与传统的手工制图相比，CAD 能够精确绘图并可以处理复杂的数据；能够很好地完成工程设计中的图形处理，并能够随意控制图形；具有快速精确的尺寸标注和自动导航捕捉功能；具有有效的图形数据管理及共享数据等优点。使用 AutoCAD 进行园林设计，效果更好并且可以大大提高工作效率。

## 1.2　AutoCAD2014 新功能介绍

AutoCAD 2014 版本提供了图形选项卡，在打开的图形间切换或创建新图形时非常方便。对 Windows 8 全面支持，即全面支持触屏操作。增加了社会化合作设计功能，可以通过 AutoCAD 2014 与其他设计者交流和交换图形。支持实景地图，可以将 DWG 图形与实景地图结合在一起，利用 GPS 等定位方式直接定位到指定位置。

在图层管理器上新增了合并选择，可以从图层列表中选择一个或多个图层并将在这些图层上的对象合并到另外的图层上。被合并的图层将会自动被图形清理掉命令行得到了增强，可以提供更智能、更高效的访问命令和系统变量。此外，可以使用命令行找到其他如阴影图案、可视化风格以及联网帮助等内容。命令行的颜色和透明度可以随意改变。在不停靠模式下很好用。其半透明的提示历史可显示多达 50 行。

如果命令输入错误，不再显示“未知命令”，会自动更正成最接近且有效的 AutoCAD 命令。

### 1.2.1　32 位 AutoCAD 2014 的要求

（1）Microsoft® Windows® XP 专业版或者家庭版（SP2 或者更高版本）。

1）Intel Pentium 4 处理器或者 AMD Athlon 双核处理器，1.6 GHz 或者更高主频支持 SSE2 技术。

2）2GB 内存。

3）1GB 可用磁盘空间（用于安装）。

4）1024×768 VGA 真彩色。

5）Microsoft ® Internet Explorer® 7.0 浏览器或者更高版本。

6）用下载文件、DVD 或者 CD 安装。

（2）Microsoft® Windows Vista®企业版、商用版、旗舰版或者家庭高级版（SP1 或者更高版本）。

1)Intel Pentium 4 处理器或者 AMD Athlon 双核处理器，3 GHz 或者更高主频支持 SSE2 技术。

2）2GB 内存。

3）1GB 可用磁盘空间（用于安装）。

4）1024×768 VGA 真彩色。

5）Microsoft ® Internet Explorer® 7.0 浏览器或者更高版本。

6）用下载文件，DVD 或者 CD 安装。

### 1.2.2 64 位 AutoCAD 2014 的要求

Windows XP Professional 64 位版（SP2 或者更高版本），或者 Windows Vista（SP1 或者更高版本），包括企业版、商用版、旗舰版或者家庭高级版。

（1）支持 SSE2 技术的 AMD Athlon 64 位处理器或 AMD Opteron® 处理器，或者支持 EM64T 和 SSE2 技术的 Intel® Xeon®处理器或 Intel Pentium 4 处理器。

（2）2GB 内存。

（3）1.5GB 可用磁盘空间（用户安装）。

（4）1024×768 VGA 真彩色。

（5）Microsoft ® Internet Explorer® 7.0 浏览器或者更高版本。

（6）从下载文件，DVD 或者 CD 安装。

### 1.2.3 3D 建模要求（全配置）

Intel Pentium 4 处理器或 AMD Athlon 处理器，3.0 GHz 或更高配置；英特尔或 AMD 双核处理器，2.0 GHz 或更高配置。

（1）2GB 或者更大内存。

（2）2GB 可用磁盘空间（不包括安装所需空间）。

（3）1280×1024，32 位彩色视频显示适配器（真彩色），工作站级显卡（128M 显存或者更高，支持 Microsoft® Direct3D®）。

## 1.3 AutoCAD 2014 安装过程

有软件安装光盘的用户可将光盘插入驱动器中，系统自动跳出安装页面，如有安装文件包，进入文件包中找到 stup.exe 文件，打开文件后页面会自动弹出如图 1.1 所示的“安装初始化”界面。

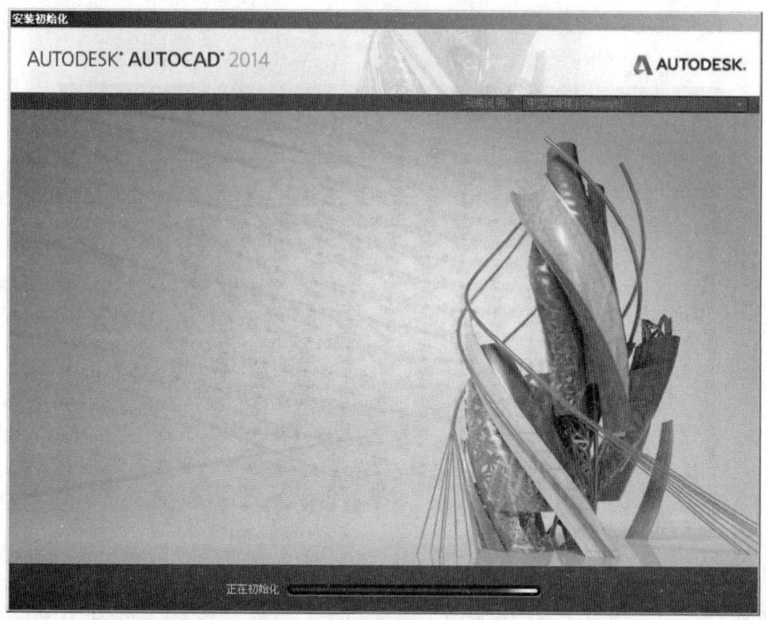


图 1.1

初始化界面后进入安装选择界面，选择界面中提供的“创建展开”、“安装工具和实用程序”、“在此计算机上安装”和“退出”等选项，如图 1.2 所示。

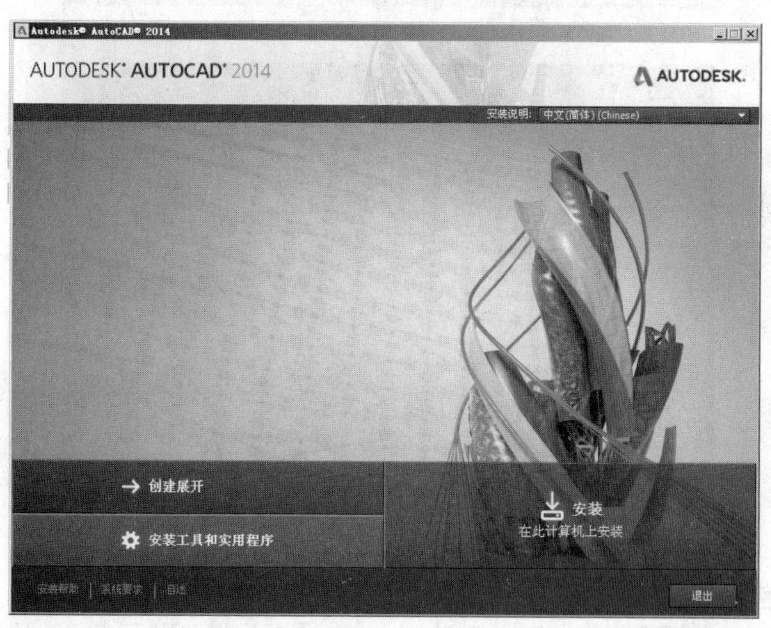


图 1.2

“安装工具和实用程序”选项是在已经安装主程序后需要补充安装的其他实用程序。如第一次安装时选择“在此计算机上安装”选项。

单击“在此计算机上安装”按钮进入“许可协议”页面，如图 1.3 所示，选择“我接受”选项。

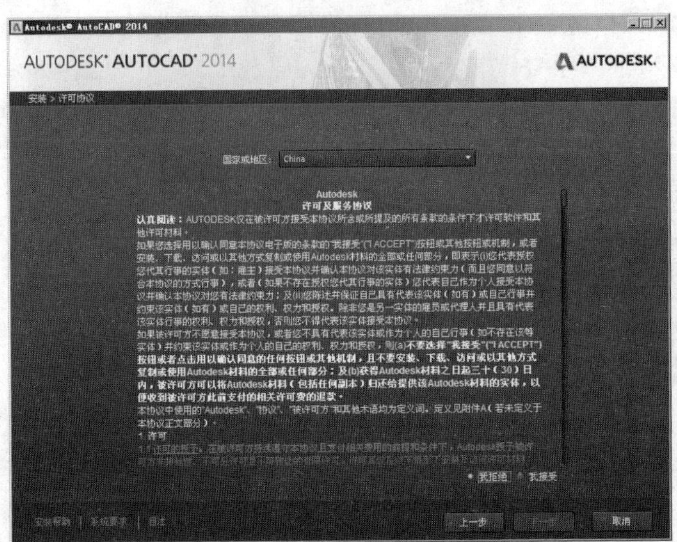


图 1.3

在弹出的“产品信息”页面中输入产品的序列号和产品密钥，只有正确输入才能安装，也可以选择“我想要试用该产品 30 天”选项。在此页面中还可选择许可类型和产品语言，如图 1.4 所示。

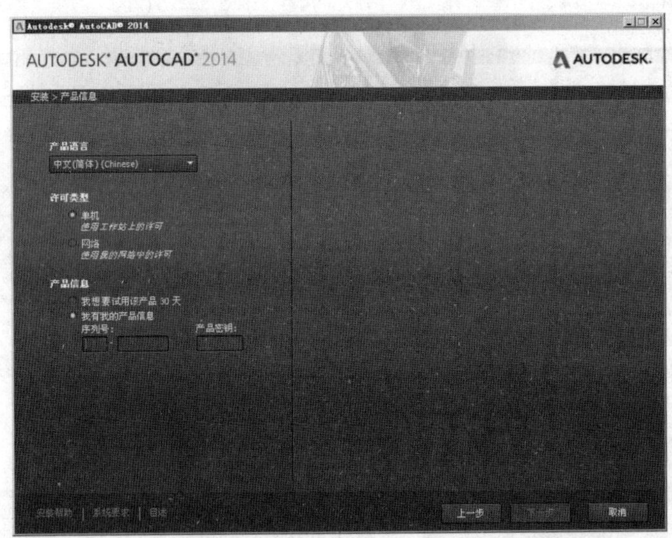


图 1.4

输入正确的产品序列号和密钥后单击“下一步”按钮，进入“配置安装”页面，软件安装位置需要选择有足够硬盘空间的磁盘，AutoCAD 2014 需要的硬盘空间是 2.83G，默认路径为 C:\Program Files\Autodesk\AutoCAD 2014，如图 1.5 所示。

选择正确的安装路径后单击“安装”按钮进行安装，在“配置安装”页面的左上角有两个选项，默认为勾选，这是 AutoCAD 2014 主程序外的其他小程序，如果不想安装可将勾选取消。“安装进度”页面如图 1.6 所示。安装完毕后，在桌面找到软件的快捷方式双击打开。

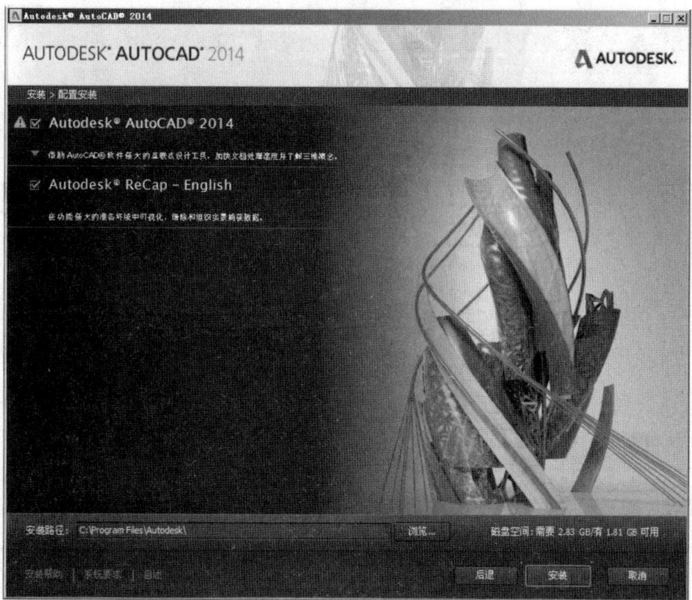


图 1.5

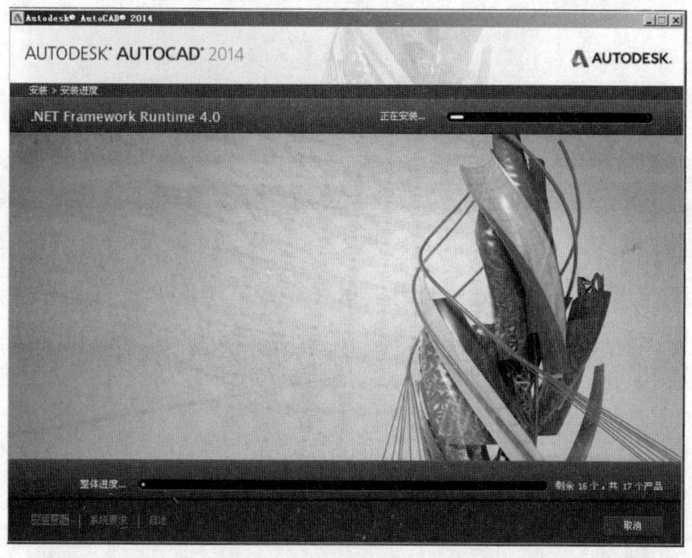


图 1.6

# 1.4　界面介绍及个性化设置

## 1.4.1　界面

AutoCAD 2014 的工作界面保持了以往版本的特点，给用户提供了不同的选择，选择不同的工作空间得到不同的界面布置，对于 AutoCAD 的老用户，可选择在传统工作空间进行制图，如图 1.7 所示。

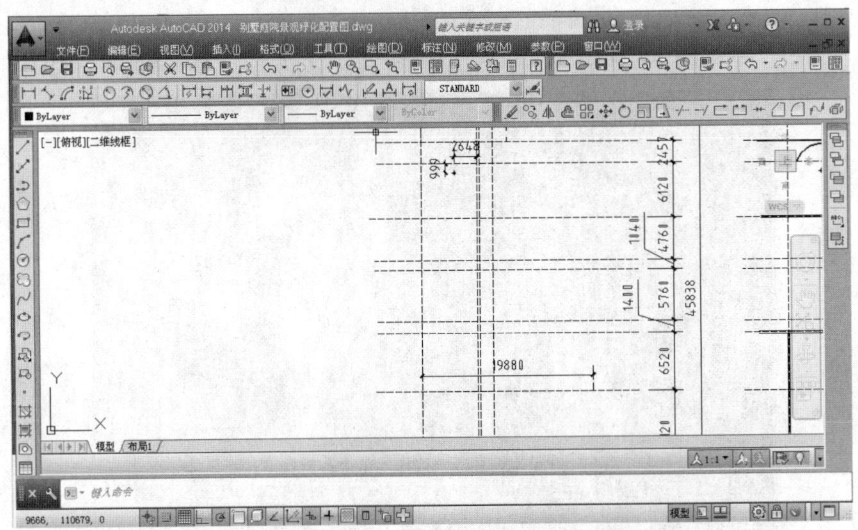

图 1.7

（1）标题栏（图 1.8）。

图 1.8

（2）菜单栏（图 1.9）。

图 1.9

1）文件。文件菜单中提供新建、打开、保存等最常用的文件操作功能，用得最多的是输入、输出、打印及打印样式管理器等功能。

2）编辑。编辑菜单提供了复制、粘贴、删除、放弃等功能，另外还提供查找和替换功能（图 1.10）。

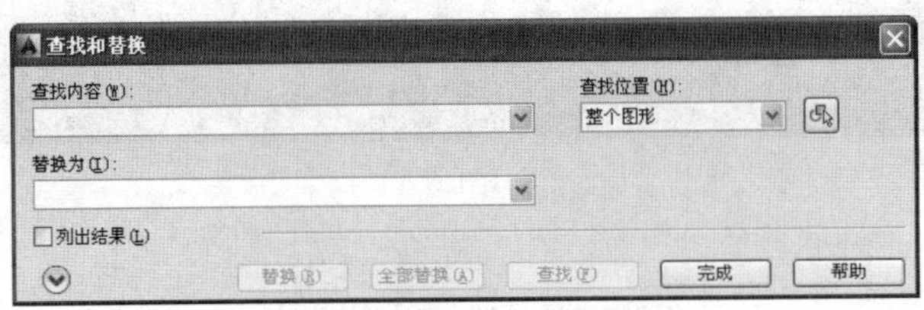


图 1.10

3）视图。视图菜单提供了所有编辑过程中视图方面的功能，包括视图的缩放、平移，视图的全屏化等功能，很多功能都设置了相应的快捷方式。

4）插入。插入菜单主要提供的功能是插入块和外部文件，包括插入图片和三维模型等。

5）格式。格式菜单中提供图层、文字标注、单位等功能，格式菜单中的功能常在绘图之前使用，比如在绘图之前需要进入格式菜单中设置单位、图形界限、文字样式、图层等内容。

6）工具。工具菜单中提供了包括工作空间、块编辑器、查询、隔离等功能，如图 1.11 所示。

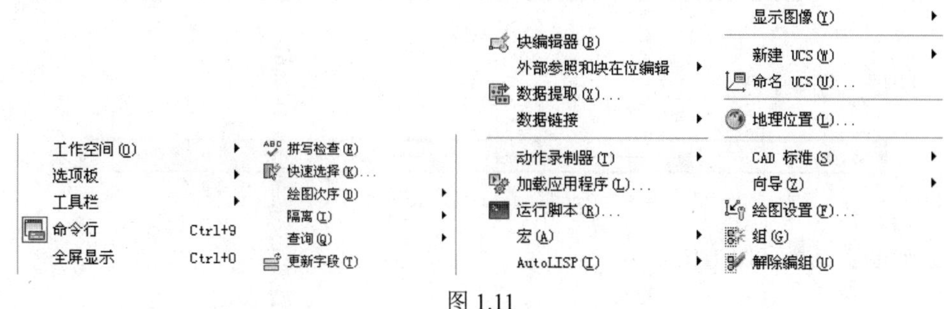


图 1.11

7）绘图。绘图菜单是菜单中使用频率最高的，很多工具需要进入绘图菜单中进行操作，它提供所有绘图方面的功能，包括工具栏中没有的功能。

8）标注。标注菜单相对要简单，它的所有功能都可以在标注工具栏中找到，在日常绘图过程中使用的相对较少。

9）修改。修改菜单内容丰富，很多都是与“绘图”菜单相适应或者相匹配的，不同的绘图工具有相应的修改工具，有些修改工具在工具栏中没有，对于初学者需要进入菜单中找到相应的工具完成绘图。

10）参数。参数主要是约束功能，包括几何约束、自动约束和约束栏、标注约束、动态标注，删除约束、约束设置等功能。

11）窗口。窗口主要是在多个文件编辑时窗口之间的关系和展示方式。

（3）工具栏。工具栏可关闭也可显示，显示可通过菜单调用，也可以通过单击任意一个工具栏调用工具栏选项。

1）标注工具栏（图 1.12）。

图 1.12

2）绘图工具栏（图 1.13）。

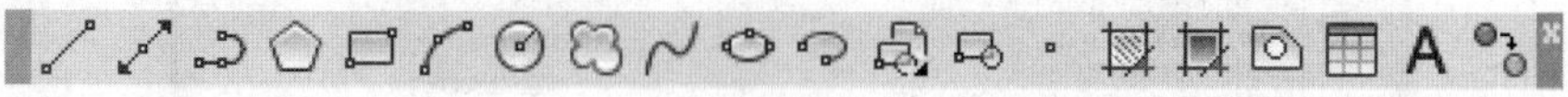

图 1.13

3）修改 I 工具栏（图 1.14）。

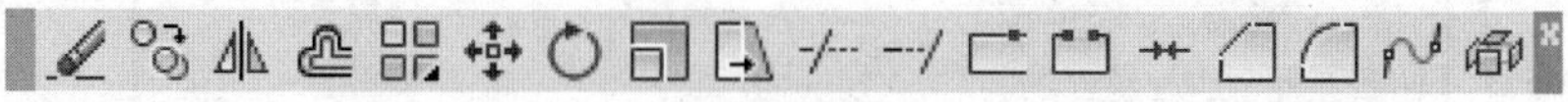

图 1.14

4）修改 II 工具栏（图 1.15）。

图 1.15

5）标注（图 1.16）。

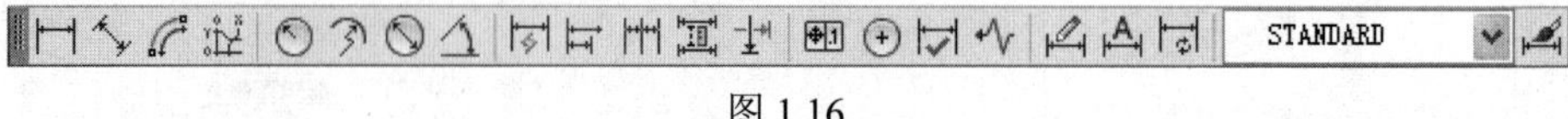


图 1.16

6）图层（图 1.17）。

图 1.17

7）辅助工具栏（图 1.18）。

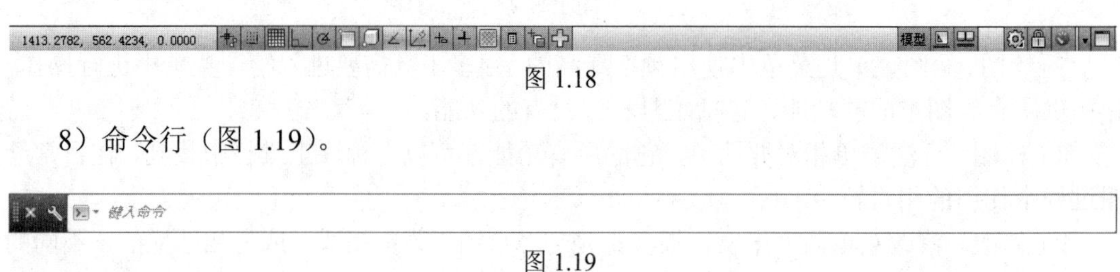


图 1.18

8）命令行（图 1.19）。

图 1.19

9）查询（图 1.20）。

图 1.20

## 1.4.2 个性化设置

个性化设置主要通过“选项”面板来实现，选择“工具”→“选项”命令，打开如图 1.21 所示“选项”对话框。

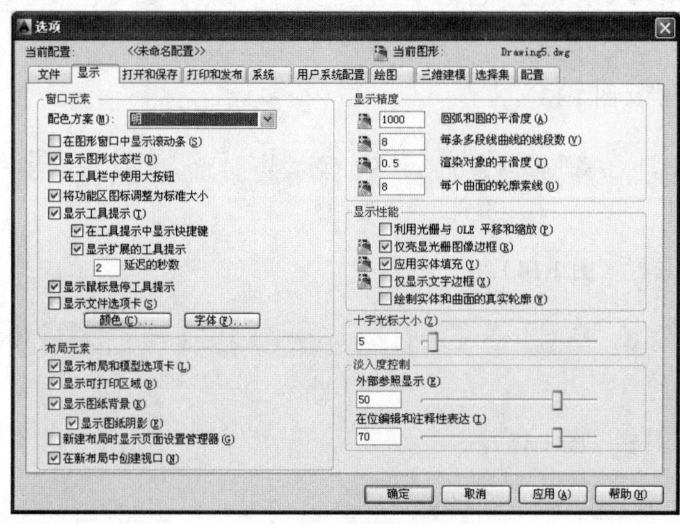


图 1.21

在“选项”窗口中可设置如绘图时的十字架大小，光标变成方块时方块的大小，背景的颜色等，也提供一些系统配置的选项，包括文件的打开和保存，特别是自动保存的一些设置，还有用户配置文件等。

在此我们调节一下十字光标的大小，十字光标大小，默认为5，将数字调到最大值100时可看到如图1.22所示的效果。

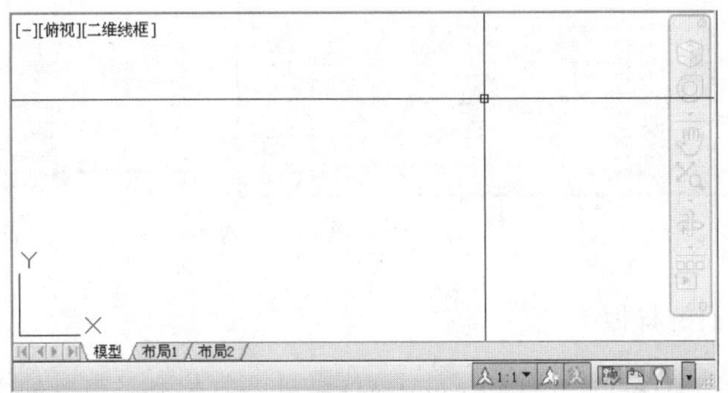


图 1.22

绘图区的背景可改为黑色或白色，默认为黑色，本书选用的是白色背景，单击“选项”窗口中的“显示”选项卡左边的“颜色”按钮，打开“图形窗口颜色”对话框，如图1.23所示，在右上角有个“颜色”选项，选择“黑色”，背景就成为黑色。

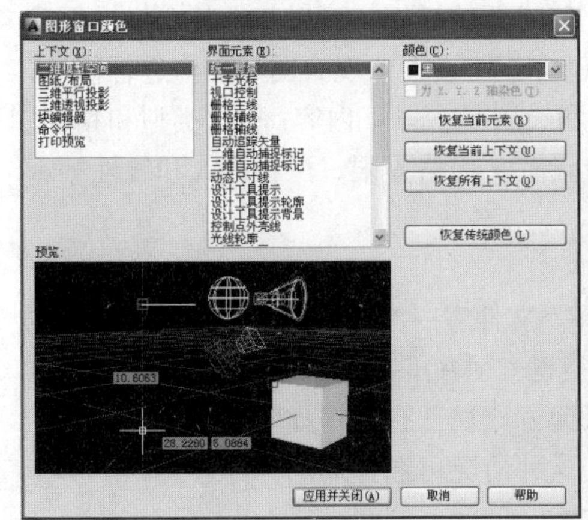


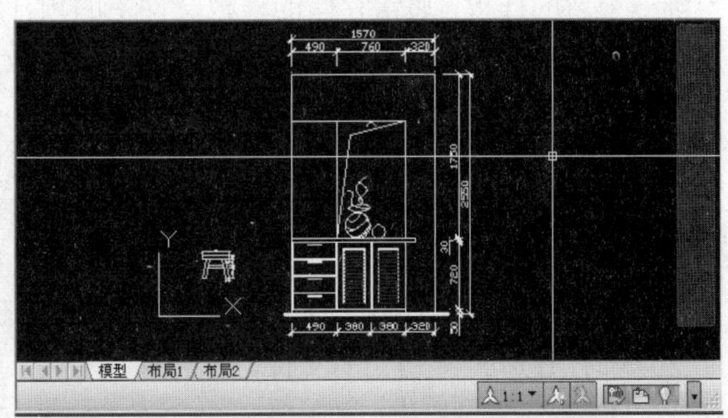


图 1.23

# 1.5 文件的基本操作

## 1.5.1 新建文件

新建分为默认新建和再次新建，默认新建是软件启动后新建的文件，文件名为“Drawing1.dwg”，软件启动后新建文件会有所提示，新建文件可使用工具栏中的“新建”按钮，也可以在菜单中选择“新建”命令，系统将会提示是否选择样板，也可以“无样板打开”。图形样板提供现成的格式和一般的设置，文件后缀名为.dwt。如图1.24所示。

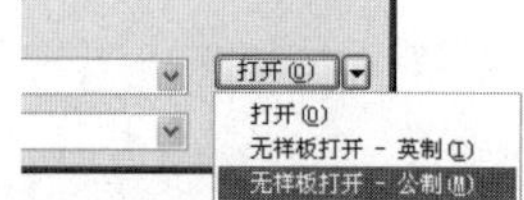


图 1.24

### 1.5.2 创建自己的样板

默认的图形样板（DWT）文件同 AutoCAD 软件一起安装，用于创建二维和三维模型。多数默认图形样板以两种度量类型提供：英制和公制。使用其中一种默认的图形样板时，需要确定是在二维模型还是三维模型中进行工作，以及哪种测量类型最符合所从事的工作。

虽然默认样板提供了一种快速创建新图形的方法，但是最好针对公司和创建的图形要求创建新的图形样板，可以通过初始设置选择最符合用户所在地行业的图形样板。

在实际工作中，可以根据需要创建多个样板，创建新的样板，可以基于某个样板创建一个新的图形，然后对其进行修改，也可以对一个包含某些设置的现有图形文件进行修改，得到一个新的样板，通常存储的样板文件中的预订和设置包含以下内容：单位类型和精度、标题栏、边框和徽标、图层名、捕捉、栅格和正交设置、栅格界限、注释样式和线性等。

### 1.5.3 打开文件

AutoCAD 提供了多种打开方式，可以通过选择“文件”→“打开”命令打开文件，也可通过单击“打开”图标来实现，还可以按组合快捷键 Ctrl+O，AutoCAD 提供多种打开方式，如“以只读方式打开”、“局部打开”和“以只读方式局部打开”如图 1.25 所示。

局部打开适合特别大的文件，打开速度很慢，这种情况可选择局部打开方式。

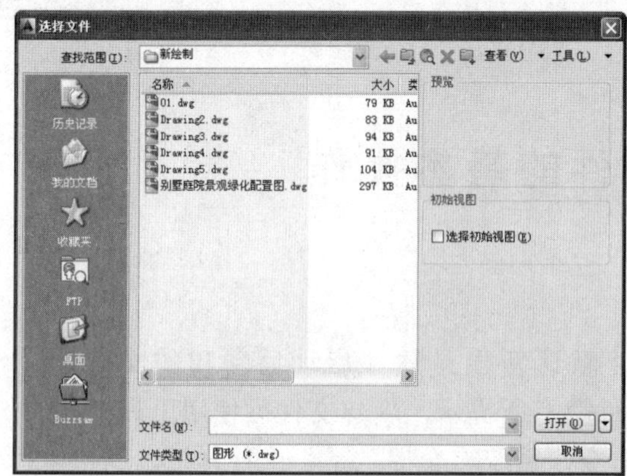


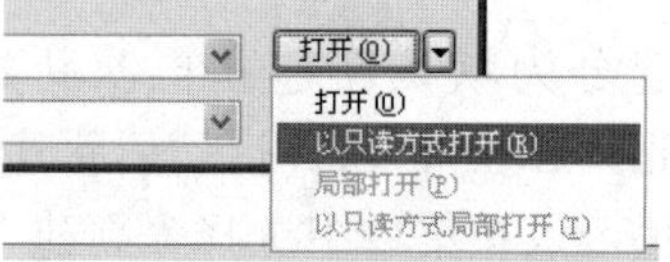


图 1.25

### 1.5.4 保存文件

保存可以单击快速启动栏中的“保存”按钮，也可以选择菜单中的“文件”→“保存”命令，还可以按组合快捷键 Ctrl+S 来完成。

保存涉及不同的文件格式，要知道编辑的文件是用来做模板的还是有其他用途，.DWG 后缀名的文件为 AutoCAD 的默认源文件，常用的还有 DWT 文件，即模板文件。

保存分为保存和另存为，保存是保存本身，另存为是将现有的文件另外保存，同时选择保存的位置和输入要保存文件的文件名，如图 1.26 所示。

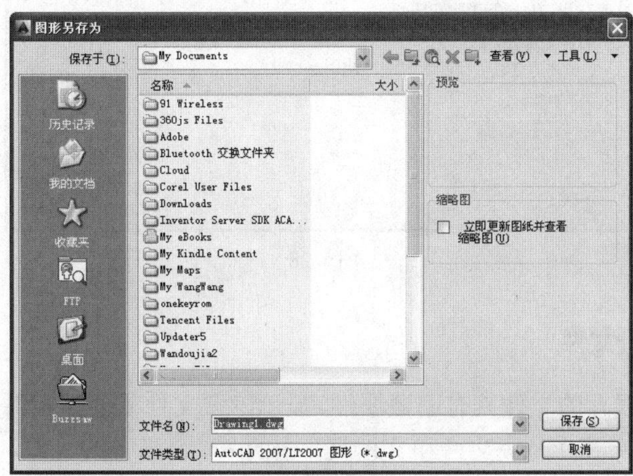


图 1.26

### 1.5.5 自动备份文件

自动备份能保存大部分的工作成果，自动备份需要进入“选项”对话框进行设置。

选择菜单中的“工具”→“选项”命令，打开“选项”对话框，勾选“打开与保存”选项卡中的“自动保存”选项，“保存间隔分钟数”默认为 10 分钟，如图 1.27 所示。

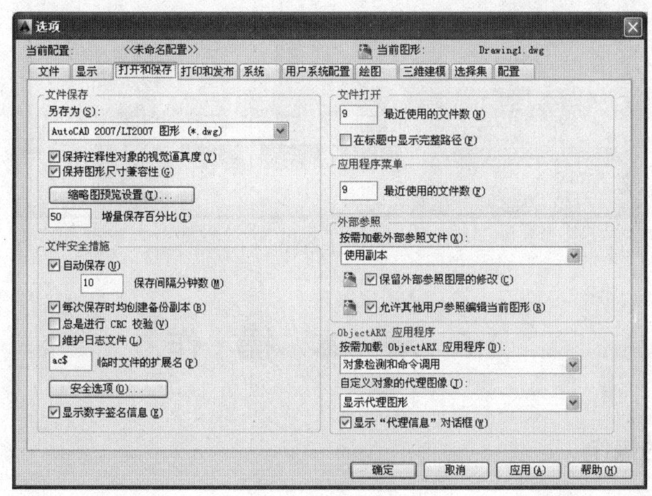


图 1.27

选择“选项”对话框中的“文件”选项卡，展开“搜索路径、文件名和文件位置”列表框中“自动保存文件位置”选项，可以看到文件的默认保存路径，如图 1.28 所示。

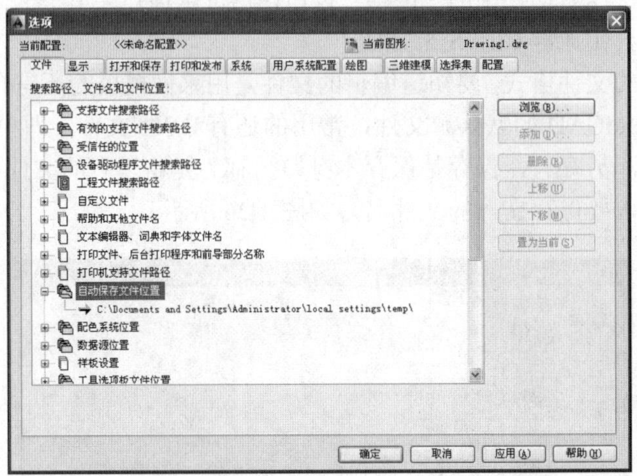

图 1.28

### 1.5.6 恢复备份文件

AutoCAD 自动保存的文件具有隐藏属性，显示隐藏文件需要在文件夹选项中的“工具”→“文件夹选项”中单击“隐藏文件和文件夹”中的“显示隐藏的文件、文件夹和驱动器”。找到自动保存的文件后不能直接打开，需要修改成 DWG 后缀名才能打开图形进行编辑，如图 1.29 所示。

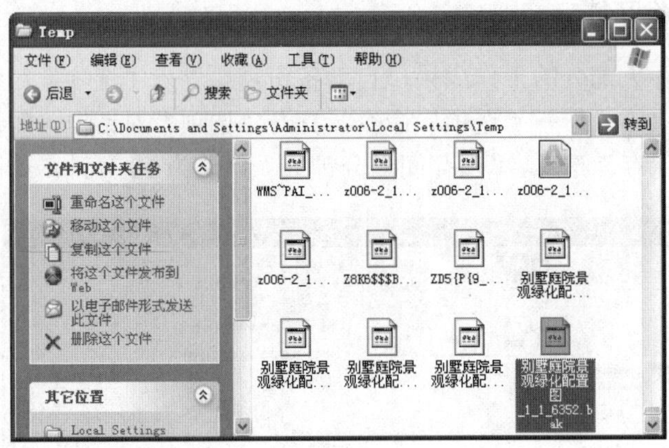

图 1.29

## 1.6 基 本 操 作

### 1.6.1 命令的操作

命令的操作分为三个阶段，先是命令激活后按命令提示输入相应的信息并确认，最后

结束命令。在命令操作中默认设置情况下空格=回车=右击，它们起的作用是一样的。命令激活的四种方式：

（1）在工具栏中单击相应的工具激活命令。

（2）在菜单中找到相应的菜单按钮激活命令。

（3）在命令行中输入命令。

（4）按空格、回车或右击重复上次命令。

命令结束有三种方式：回车、空格和右击。

### 1.6.2　对象的选择

（1）从左向右拖动窗口选择，完全框住对象才能选中，如图 1.30 所示。

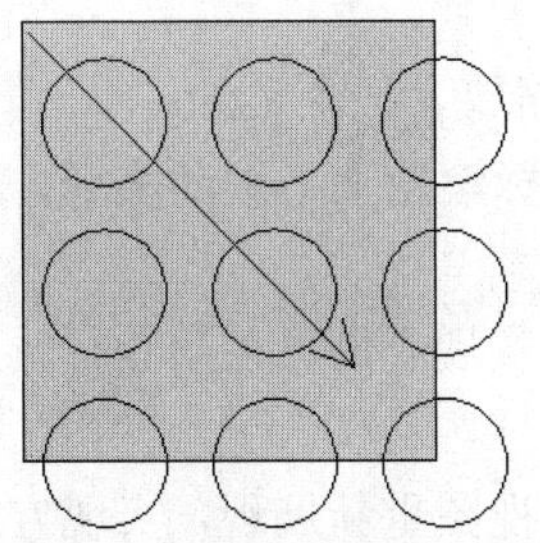

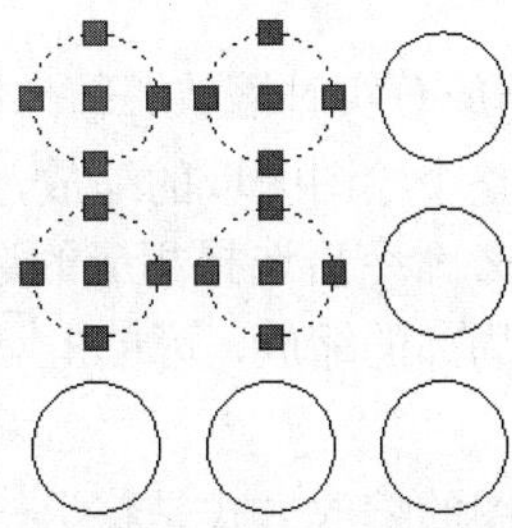

图 1.30

（2）从右向左拖动窗口选择，只要接触到或框在内的对象都能选中，如图 1.31 所示。

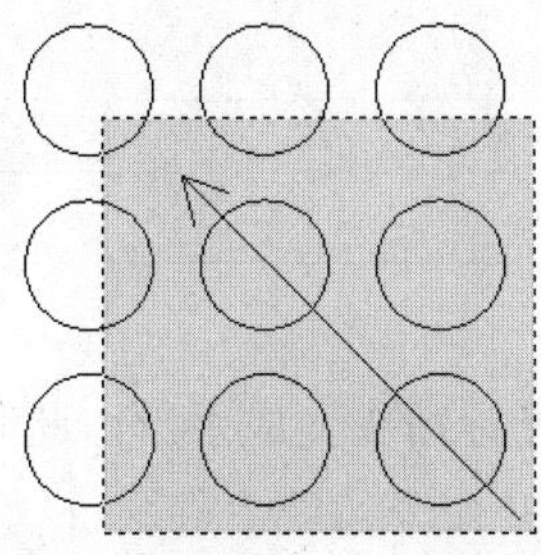

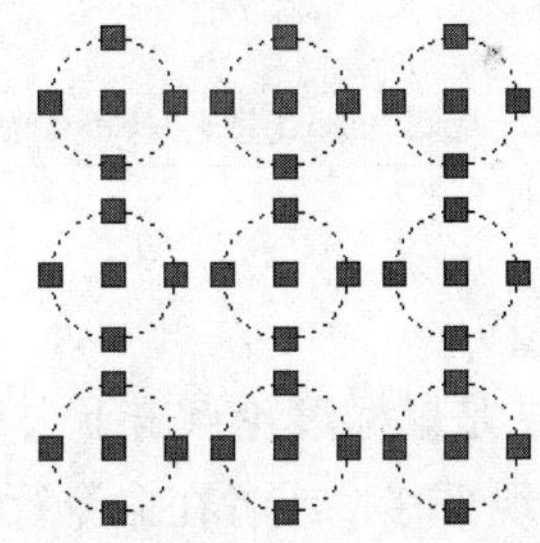

图 1.31

（3）点选。点选有加选和减选之分，点选中的加选，默认不需要配合键，减选需要配合 Shift 键来实现。

（4）栏选。栏选是在命令激活后需要选择多个对象时代替点选进行的高效操作，如图 1.32 所示，使用延伸命令将竖线延伸到横线上，操作方式是先单击目标线，也就是横线，按空格键或者回车键确定，再选择需要延伸的竖线，图 1.32 所示左图为选择要延伸的竖线，需要一根一根地选中，此时光标箭头变为小方框，图 1.32 所示右图为栏选方式，光标箭头变为十字架，并栏选了所有的竖线，按空格键或者回车键来确定，所有的竖线将会延伸到目标线上。

（5）移动。移动可通过单击“移动”按钮来实现，也可在命令行中输入 MO 命令。

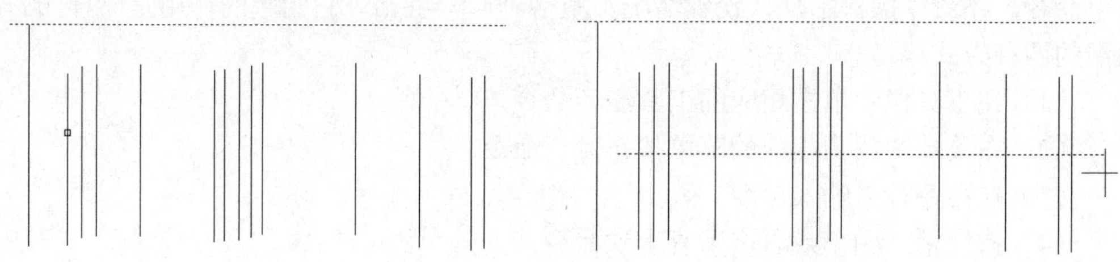

图 1.32

### 1.6.3 视图的操作

视图操作主要是缩放和平移视图，这两种操作都可通过单击图标或者在命令行中输入相应的命令来实现。

（1）视图的缩放有实时缩放、窗口缩放和缩放上一个之分。

实时缩放是对整个绘图区域的缩放，可用鼠标滚轮上下滚动实现，也可以单击按钮或在命令行中输入 Z 命令后选择相应的选项。

窗口缩放是对局部的缩放，可单击按钮来实现，也可在命令行输入 Z 命令实现相应的缩放功能。

缩放上一个视图的缩放方式是将上一个缩放视图重新展现，实现方式是单击按钮也可在命令行输入命令实现。

ZOOM 命令包括所有的缩放模式，在命令行中输入 Z 命令后命令行可显示所有的缩放选项，按空格是实时缩放模式，如需要局部放大，在图 1.33 中框选某个局部，这个局部将会放大。

ZOOM [全部(A) 中心(C) 动态(D) 范围(E) 上一个(P) 比例(S) 窗口(W) 对象(O)] <实时>:

图 1.33

（2）视图的平移。

视图平移的方法是鼠标滚轮点击下去不放，光标箭头变成手形，此时可平移，也可通过单击按钮来实现平移，或者在命令行中输入 P 命令实现平移。

### 1.6.4 图形实用工具

（1）检查。

使用“核查”命令可以核查图形文件是否与标准冲突，然后解决冲突。标准批处理查找器一次可核查多个文件。

将标准文件与图形相关联后，应该定期检查该图形，以确保其符合标准。这在多人同时更新一个图形文件时尤为重要。例如，在一个具有多个承包人的工程中，某个次承包人可创建新的但不符合所定义标准的图层。在这种情况下，需要能够识别出非标准的图层，然后对其进行修复。

可以使用通知功能警告用户后再进行操作，此功能允许用户在发生标准冲突后立即进行修改，从而使创建和维护遵从标准图形更加容易。可以使用 CHECK STANDARDS 命令查看当前图形中存在的所有标准冲突。“检查标准”对话框报告所有非标准对象并给出建议的修复方法。可以选择修复或者忽略报告的每个标准冲突，如果忽略所有报告冲突，将在图形中对其进行标记。可以关闭忽略问题的显示，以便下次核查该图形时不再将其作为冲突情况进行报告。如果对当前的标准冲突未修复，在“替换为”列表中将没有项目亮显。

也可单击“修复”按钮，如果修复了当前显示在“检查标准”对话框中的标准冲突，除非单击“修复”或“下一个”按钮，否则此冲突不会从对话框中删除。在整个图形核查完毕后，将显示“核查完毕”。此消息总结在图形中发现的标准冲突，还显示自动修复的冲突、手动修复的冲突和被忽略的冲突。

（2）修复。

单击“图形实用工具”→“修复”→“修复”命令。在“选择文件”对话框中选择一个文件，然后单击“打开”命令。核查后，系统会弹出一个对话框，显示文件修复信息。

（3）图形修复管理器。

在“图形修复管理器”中会显示在程序或系统失败时打开的所有图形文件列表，在该对话框中可以预览并打开每个图形，也可备份文件，以便选择要另存为.DWG 格式的图形文件。

1）备份文件。显示在程序或系统失败后可能需要修复的图形。顶层图形节点包含了一组与每个图形关联的文件。如果存在，最多可显示 4 个文件，包括程序失败时保存的已修复的图形文件、自动保存的文件，也称为“自动保存”文件、图形备份文件和原始图形文件。打开并保存了图形的备份文件后，将会从“备份文件”区域中删除相应的顶层图形节点。

2）详细信息。提供有关在“备份文件”区域中当前选定节点的信息。如果选定了顶层图形节点，将显示选定一个图形文件或备份文件，并显示有关该文件的其他信息。

3）预览。显示当前选定的图形文件或备份文件的缩略图、预览图。

（4）清理图形。

单击“文件”→“图形实用工具”→“清理”命令，系统将打开清理对话框，在此显示了可被清理的项目，可以删除图形中未使用的项目，例如块定义和图层。

# 第 2 章　基　本　绘　图

## 2.1　坐标系及输入方式

AutoCAD 以坐标的方式创建对象，有三维坐标和二维坐标，坐标系的原点为 0，整个坐标系只有一个原点，通过这个原点可以得到在二维或者三维空间中的任意一点。

如图 2.1 所示，整个坐标系从原点开始往上是正数往下是负数，往左是负数往右是正数。输入坐标的方式是先 X 轴坐标值再 Y 轴坐标值后 Z 轴坐标值，各轴坐标值间用“,”隔开。二维坐标只需要输入 X 轴和 Y 轴两个坐标值。在 AutoCAD 中输入坐标的方式分绝对坐标、相对坐标和极坐标三种。

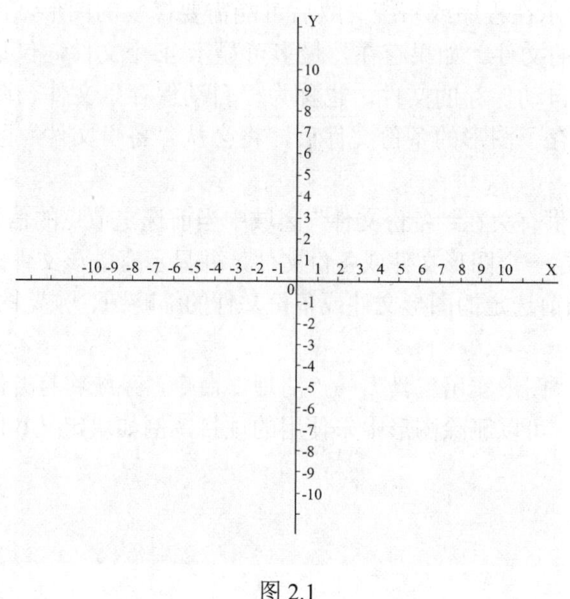


图 2.1

### 2.1.1　绝对坐标

绝对坐标就是所有位置的坐标值都是由原点计算的，二维坐标的绝对坐标输入是 X，Y。如图 2.2 所示的方形是用绝对坐标输入方式完成的，命令行中显示如下：

命令: _rectang

指定第一个角点或 [倒角(C)/标高(E)/圆角(F)/厚度(T)/宽度(W)]: 0,0

指定另一个角点或 [面积(A)/尺寸(D)/旋转(R)]: 8,8

Rectang 是矩形命令，“0，0”是方形的左下角位置，“8，8”是方形的右上角位置。

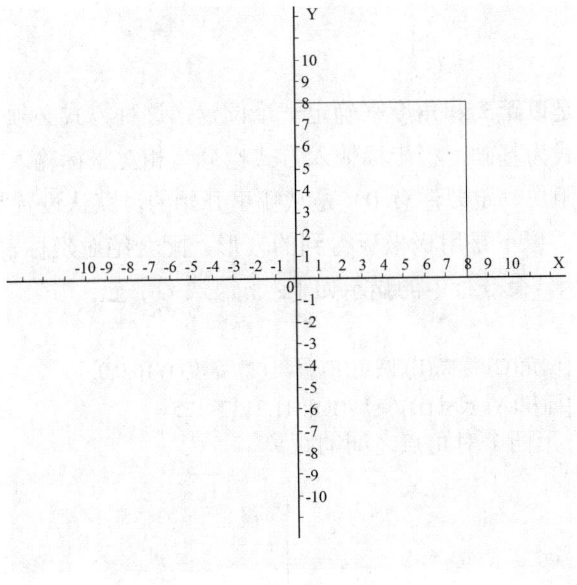

图 2.2

### 2.1.2　相对坐标

相对坐标与绝对坐标的区别就在于计算位置时相对坐标是以前一个坐标为原点进行计算的，绝对坐标是以整个坐标系的原点为原点计算的。相对坐标的输入方式与绝对坐标输入方式的区别在于，在绝对坐标前加入了“@”符号，只要加入“@”符号的坐标就是相对坐标，它的值是以前一个坐标点为原点。

如图 2.3 所示是一个 8×8 的方形，方形的第一点是屏幕上的任意一点，第二点使用相对坐标输入方式得到 8×8 的方形。以下是命令行中的显示：

命令: _rectang
指定第一个角点或 [倒角(C)/标高(E)/圆角(F)/厚度(T)/宽度(W)]:
指定另一个角点或 [面积(A)/尺寸(D)/旋转(R)]: @8,8

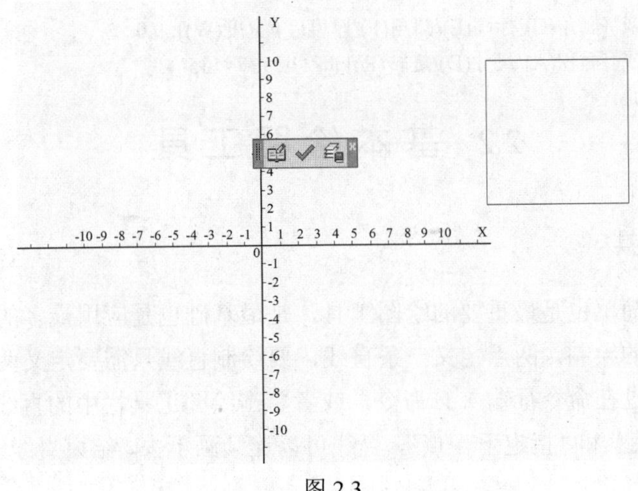

图 2.3

### 2.1.3 极坐标

极坐标输入方式是以距离和角度来确定一个位置，这种方式必须与相对坐标输入方式或者绝对坐标输入方式为基础，极坐标输入方式也分为相对坐标输入方式与绝对坐标输入方式两种，在绘图时用户一定要注意 0° 是从哪里开始的，默认设置是 X 轴的正方向为 0 度，逆时针进行累加，以下是用极坐标得到的方形，配合绝对坐标输入方式，得到 8×8 的方形，如图 2.4 所示，命令行中的显示如下：

命令: _rectang

指定第一个角点或 [倒角(C)/标高(E)/圆角(F)/厚度(T)/宽度(W)]: 0,0

指定另一个角点或 [面积(A)/尺寸(D)/旋转(R)]: 11.3137<135

其中 11.3137 为方形两个对角点之间的距离。

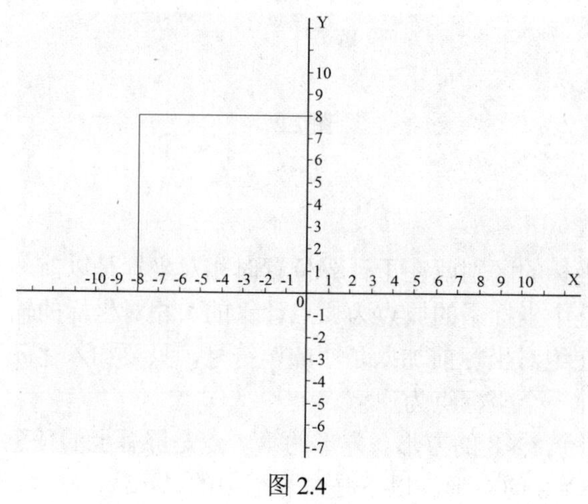


图 2.4

方形的第一点可以是屏幕上任意一点，用极坐标输入就需要输入相对极坐标。命令行中的显示为：

命令: _rectang

指定第一个角点或 [倒角(C)/标高(E)/圆角(F)/厚度(T)/宽度(W)]: 0,0

指定另一个角点或 [面积(A)/尺寸(D)/旋转(R)]:@ 11.3137<135

## 2.2 基本绘图工具

### 2.2.1 直线工具

直线工具是最简单也是最重要的绘图工具，是最基础也是应用最多的绘图工具，所以要先学会直线工具的绘制，两点定义一条直线，要绘制直线只需要定义两个点。

直线绘制可通过在命令行输入 L 命令，或者单击绘图工具栏中的直线按钮，然后根据提示“指定第一点”和“指定下一点”，直线可以连续画下去，结束直线绘制可按空格键、回车键或右击。

直线的定义可通过输入坐标来得到，也可直接输入直线的长度得到直线。坐标输入分绝对坐标与相对坐标。图 2.5 所示为一根直线和连续用直线绘制的图形。

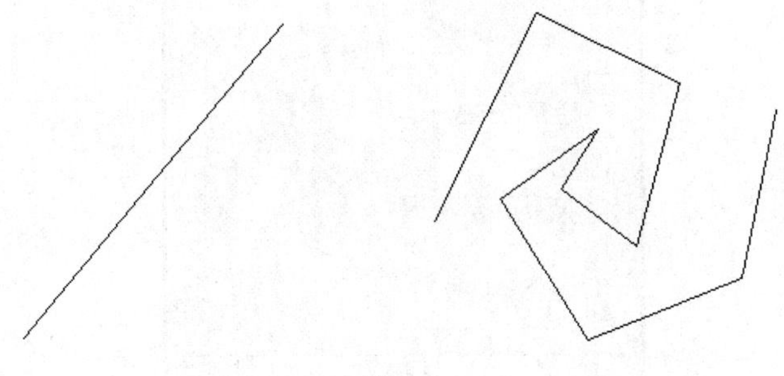

图 2.5

### 2.2.2 矩形工具

矩形工具也是最基本的绘图工具，矩形工具可绘制正方形和长方形，两点定义一个矩形，两点的定义可以通过坐标的输入方式或者任意定位。

## 2.3 绘 图 过 程

AutoCAD 的绘图过程是先进行设置再绘图，整个过程是新建图形文件→设置单位和图形界限→建图层→绘图→标注→设置布局→输出。

### 2.3.1 新建图形文件

图形文件的新建可以通过菜单或者按钮来完成，打开后会有两种方式选择，无样打开和有样打开，有样打开就是打开现有的模板，无样打开是提供空白文件。有样打开中的模板是已经编辑好的样板，其中单位、图形界限等内容都已经设定好。无样打开的文件单位、图形界限等内容都要重新设置，本节对无样打开的绘图过程进行讲解。

### 2.3.2 设置图形单位

图形的单位在工程制图中非常重要，不同类型的图纸所精确到的单位不一样，建筑图纸精确到厘米，工业产品的图纸精确到毫米或者微米。在制图前首先对单位进行定义。

单击“格式”→“单位”命令打开“图形单位”设置对话框，如图 2.6 所示，在对话框中有长度、角度等设置，其中经常设置的是长度的精度，也就是精确到小数点后面的位数，角度主要是逆时针还是顺时针，也有角度的精度选项，“插入时的缩放单位”定义插入值的单位，如果这里设置的是毫米，在绘图时输入 1，就代表 1 毫米。

在对话框的下方还有“方向”按钮，通过这个选项设置 0° 的位置。默认是坐标系 X 轴的正方向。

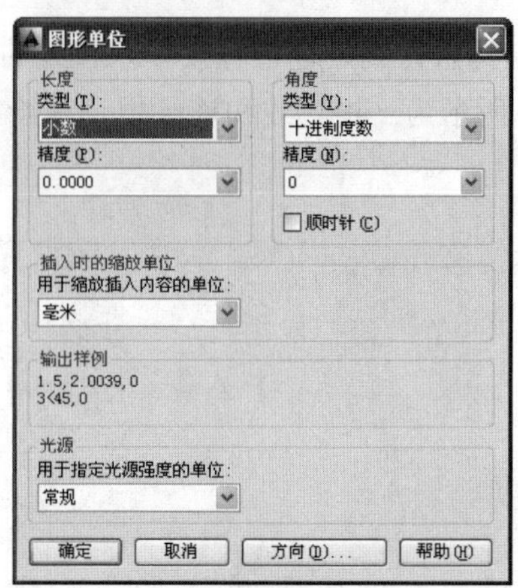


图 2.6

### 2.3.3 设置图形界限

设置图形界限是制图中非常重要的一步，只有确定了图形界限才可以进行图纸的绘制。

（1）激活图形界限设置。

单击“格式”→“图形界限”，启动图形界限命令，依据命令行的提示输入相应的数值，图纸一般为矩形，一个矩形用两个点可以定义，图形界限也就是定义这张纸的两个角点，一个是左下角的点，一个是右上角的点，在命令提示行中输入这两个坐标的位置，默认的第一个角点为原点，坐标是“0，0”，需要输入第二个角点的位置，它决定了图纸的大小。

（2）图形界限的大小。

图形界限的大小要根据所绘制图形的大小来决定，要比所绘制的图形大一些，但不要大太多。比如，要绘制一张建筑平面图，整个建筑的长为 10 米，宽为 8 米，图限就要超过 10 米，可以是 12 米也可以是 15 米。

（3）图形界限的全部显示。

图形界限设置好后，一件非常重要的事情就是将图形界限完全显示，方法是在命令行输入缩放命令 Z，看到提示“全部(A)/中心(C)/动态(D)/范围(E)/上一个(P)/比例(S)/窗口(W)/对象(O)”，在命令行中输入命令 A 再按回车键就可将刚设置好的范围全部显示在屏幕上，这样才能开始绘图。

不将图形界限完全显示出来的后果就是你绘制了一根 100 个单位的线，屏幕现在显示的范围是 1，你要移动最少一百次屏幕才能把线从头看到尾。很多初学者用偏移命令将一根线偏移 1000，屏幕显示的是 10，在这种情况下根本看不到所偏移的线的存在，所以绘图前需要将图形界限全部显示。

以下为具体操作在命令行中的显示：

命令: '_limits

重新设置模型空间界限:

指定左下角点或 [开(ON)/关(OFF)] <0.0000,0.0000>:

指定右上角点 <420.0000,297.0000>: 10000,8000

命令: Z ZOOM

[全部(A)/中心(C)/动态(D)/范围(E)/上一个(P)/比例(S)/窗口(W)/对象(O)] <实时>: a

### 2.3.4 新建图层

图层是管理复杂绘图的有效方式，没有图层，复杂的绘图工作将很难进行，图层可以新建也可以删除，AutoCAD 2014 还提供了图层合并功能。

打开“图层管理器”，如图 2.7 所示，所有的图层操作都是通过图层管理器完成的，图层管理器当中可以更改图层的名称、颜色、线性、打印属性、是否隐藏和锁定。

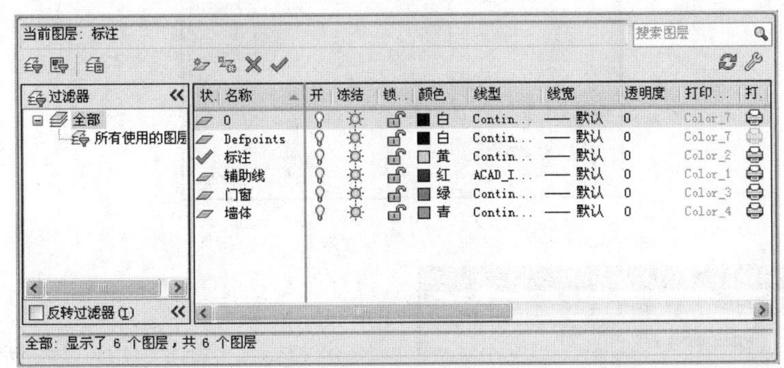


图 2.7

新建图层的操作非常简单，选择一图层按回车键，便可新建一层，要更改某项属性，只需单击该属性对应的位置，在弹出的对话框中进行更改。

在绘图的初期要先对图层进行规划，如绘制建筑平面图，一般可有建筑轴线、墙体、家具摆设、标注和其他图层，不同类别的图形绘制在不同的图层中，以方便隐藏或者锁定，提高工作效率。

新建好图层后，在制图前要选择合适的图层，如果忘记了也有补救的方式，选择需要改变图层的对象，在保持被选中的状态下选择需要放置的图层，“特效匹配”工具也可将某个图形对象放置到另外的图层中。

特效匹配刷的使用是先单击目标图层上的图形，再单击需要转换图层的对象，可以同时配合框选或者栏选完成选择。

### 2.3.5 绘制图形

在绘图过程中经常使用的命令我们都需要以快捷方式来完成，如直线命令在命令行输入 L 就可启动，大部分的功能都可通过在命令行中输入命令来完成，要记住一些常用的命令，以提高工作效率。

### 2.3.6 标注图形

标注图形是绘图中最后做的事情，所有的图都绘制好后对图形进行标注，标注有专门的标注工具，要掌握最基本的线性标注。

线性标注的操作方法是单击“线性”标注按钮，分别单击要标注线的两端，拖动鼠标到需要生成标注的位置单击，整个线性标注过程就完成了。

很多时候发现标注上没有数字，这是因为数字太小看不见，或者标注上的数字太大，这些不合适的显示可以通过标注样式管理器来完成。图 2.8 所示为标注样式管理器，在这

里可以新建标注样式，也可以修改标注样式，标注数字看不到或太大可通过单击“修改”按钮进入“修改标注样式”对话框，如图 2.9 所示，“调整”选项卡里面有“标注特征比例”选项，只要调整这个比例就可以得到需要的大小，如图 2.10 所示。

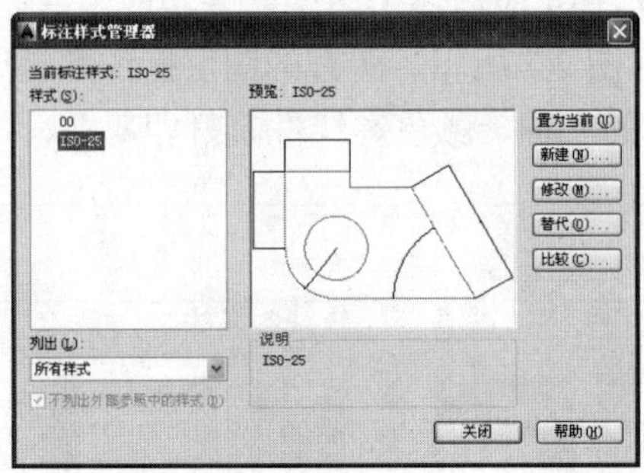


图 2.8

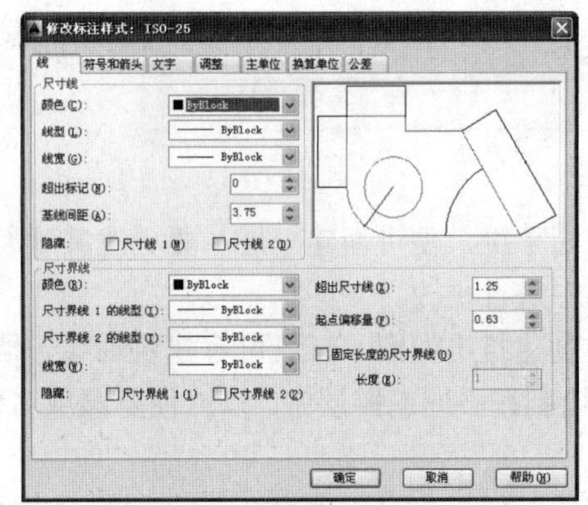


图 2.9

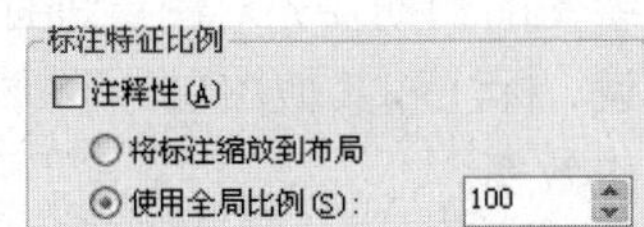


图 2.10

# 2.4 实 例 练 习

## 2.4.1 直线与坐标输入绘制凳子的立面

（1）在如图 2.11 所示图形文件中绘制凳子的立面。

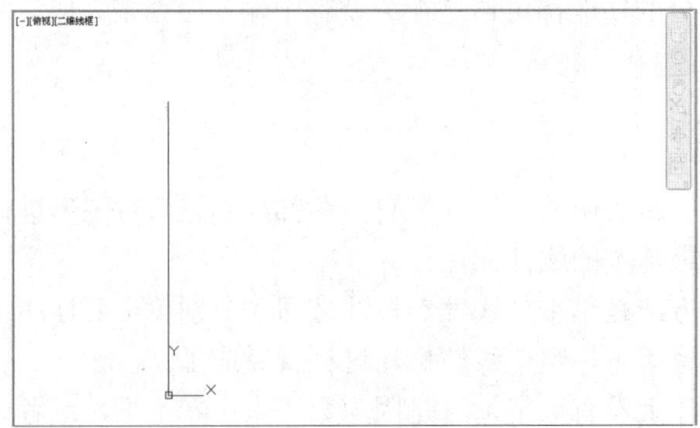


图 2.11

命令: L LINE
指定第一个点: 0,0
指定下一点或 [放弃(U)]: 0,45
回车

（2）按下滚轮使光标成为手形，调整直线在屏幕上的显示位置，滚动滚轮调整线条的显示大小，最后调整的显示位置和显示大小如图 2.12 所示。

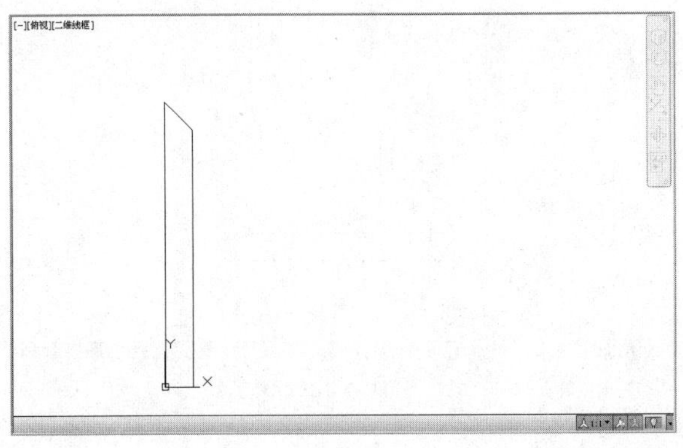

图 2.12

命令: L LINE
指定第一个点: 0,0
指定下一点或 [放弃(U)]: 5,0
指定下一点或 [放弃(U)]: 5,45
指定下一点或 [闭合(C)/放弃(U)]: 0,50
回车

（3）绘制如图 2.13 所示图形，命令如下。

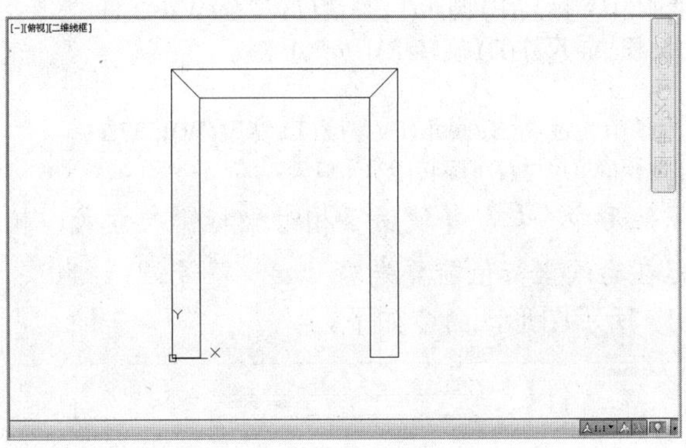

图 2.13

命令: L LINE
指定第一个点: 0,50
指定下一点或 [放弃(U)]: 40,50
指定下一点或 [放弃(U)]: 40,0
指定下一点或 [闭合(C)/放弃(U)]: 35,0
指定下一点或 [闭合(C)/放弃(U)]: 35,45
指定下一点或 [闭合(C)/放弃(U)]: 5,45
回车

命令: L LINE
指定第一个点: 35,45
指定下一点或 [放弃(U)]: 40,50
回车

（4）绘制如图 2.14 所示图形，命令如下。

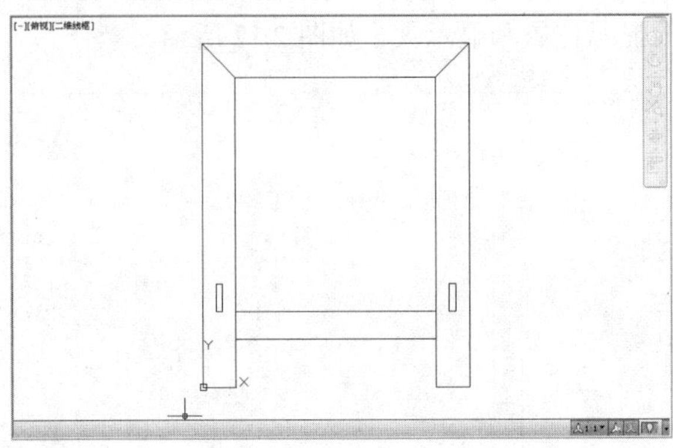
图 2.14

命令: L LINE
指定第一个点: 5,7
指定下一点或 [放弃(U)]: 35,7
指定下一点或 [放弃(U)]:
命令: LINE
指定第一个点: 5,11
指定下一点或 [放弃(U)]: 35,11
指定下一点或 [放弃(U)]:
命令: _rectang
指定第一个角点或 [倒角(C)/标高(E)/圆角(F)/厚度(T)/宽度(W)]: 2,11
指定另一个角点或 [面积(A)/尺寸(D)/旋转(R)]: @1,4
命令: RECTANG
指定第一个角点或 [倒角(C)/标高(E)/圆角(F)/厚度(T)/宽度(W)]: 37,11
指定另一个角点或 [面积(A)/尺寸(D)/旋转(R)]: @1,4

**注意：**在此处用了矩形命令 并使用了相对坐标输入方式，相对坐标与绝对坐标输入的区别就是相对坐标在输入坐标值前要先输“@”符号。

（5）绘制如图 2.15 所示图形，命令如下。

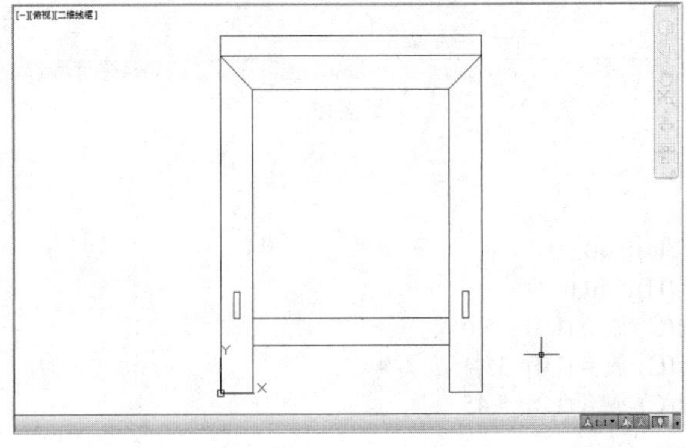
图 2.15

命令: _rectang
指定第一个角点或 [倒角(C)/标高(E)/圆角(F)/厚度(T)/宽度(W)]: 0,50
指定另一个角点或 [面积(A)/尺寸(D)/旋转(R)]: @40,3

（6）绘制如图 2.16 所示图形，命令如下。

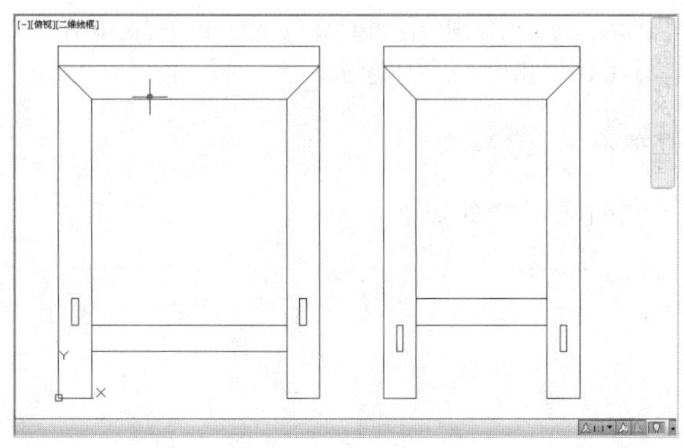

图 2.16

凳子侧面绘制方法同上，以下为输入的所有坐标。

命令: L LINE
指定第一个点: 50,0
指定下一点或 [放弃(U)]: 55,0
指定下一点或 [放弃(U)]: 55,45
指定下一点或 [闭合(C)/放弃(U)]: 50,50
指定下一点或 [闭合(C)/放弃(U)]: 50,0
指定下一点或 [闭合(C)/放弃(U)]:
命令: LINE
指定第一个点: 50,50
指定下一点或 [放弃(U)]: 80,50
指定下一点或 [放弃(U)]: 80,0
指定下一点或 [闭合(C)/放弃(U)]: 75,0
指定下一点或 [闭合(C)/放弃(U)]: 75,45
指定下一点或 [闭合(C)/放弃(U)]: 55,45
指定下一点或 [闭合(C)/放弃(U)]:
命令: LINE
指定第一个点: 75,45
指定下一点或 [放弃(U)]: 80,50
指定下一点或 [放弃(U)]:
命令: LINE
指定第一个点: 55,11
指定下一点或 [放弃(U)]: 75,11
指定下一点或 [放弃(U)]:
命令: LINE
指定第一个点: 55,15
指定下一点或 [放弃(U)]: 75,15
指定下一点或 [放弃(U)]:
命令: _rectang
指定第一个角点或 [倒角(C)/标高(E)/圆角(F)/厚度(T)/宽度(W)]: 52,7

指定另一个角点或 [面积(A)/尺寸(D)/旋转(R)]: @1,4
命令: RECTANG
指定第一个角点或 [倒角(C)/标高(E)/圆角(F)/厚度(T)/宽度(W)]: 77,7
指定另一个角点或 [面积(A)/尺寸(D)/旋转(R)]: @1,4
命令: RECTANG
指定第一个角点或 [倒角(C)/标高(E)/圆角(F)/厚度(T)/宽度(W)]: 50,50
指定另一个角点或 [面积(A)/尺寸(D)/旋转(R)]: @30,3

### 2.4.2 凳面的坐标输入

绘制如图 2.17 所示凳面图，命令如下。

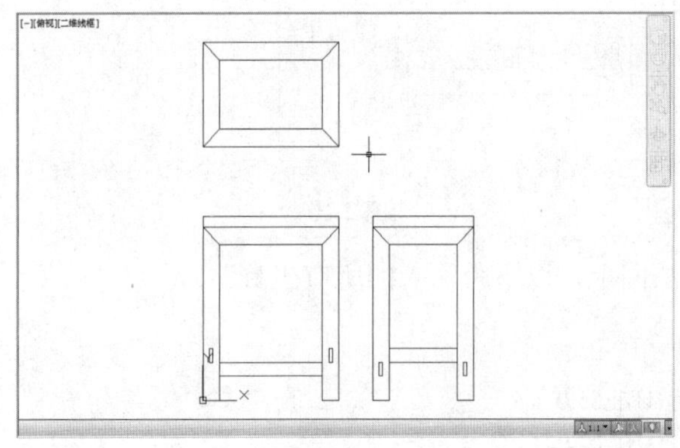

图 2.17

命令: _rectang
指定第一个角点或 [倒角(C)/标高(E)/圆角(F)/厚度(T)/宽度(W)]: 0,73
指定另一个角点或 [面积(A)/尺寸(D)/旋转(R)]: @40,30
命令: RECTANG
指定第一个角点或 [倒角(C)/标高(E)/圆角(F)/厚度(T)/宽度(W)]: 5,78
指定另一个角点或 [面积(A)/尺寸(D)/旋转(R)]: @30,20
命令: L LINE
指定第一个点: 0,73
指定下一点或 [放弃(U)]: 5,78
指定下一点或 [放弃(U)]:
命令: LINE
指定第一个点: 40,73
指定下一点或 [放弃(U)]: 35,78
指定下一点或 [放弃(U)]:
命令: LINE
指定第一个点: 0,103
指定下一点或 [放弃(U)]: 5,98
指定下一点或 [放弃(U)]:
命令: L LINE
指定第一个点: 40,103
指定下一点或 [放弃(U)]: 35,98
指定下一点或 [放弃(U)]:

### 2.4.3 标注

打开标注面板，如图 2.18 所示，单击按钮，弹出“标注样式管理器”对话框，如图 2.19 所示。

图 2.18

单击修改(M)...按钮，在“修改”面板的“符号和标记”选项卡中设置“箭头”形式为“建筑标记”，如图 2.20 所示。

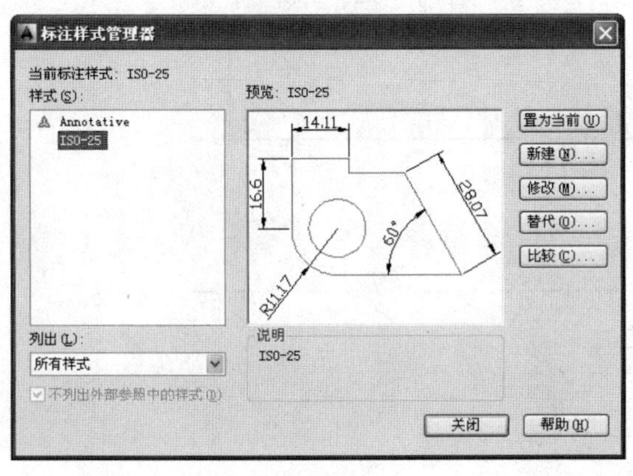


图 2.19

图 2.20

单击确定按钮后关闭“标注样式管理器”，单击标注栏中的线性标注按钮，对绘制的图形进行标注。在标注前要建一个图层并命名“标注”，再进行标注操作，这样做的目的是让标注与绘制的图形分离，以便于对颜色、线宽等属性的处理。新建图层的步骤如下。

如图 2.21 所示，先在图层管理栏中单击按钮，打开“图层特性管理器”对话框，如图 2.22 所示。

图 2.21

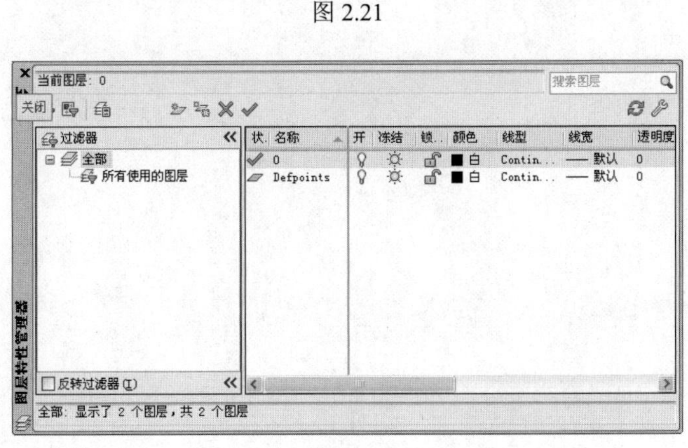


图 2.22

任意选择一层按回车键可得到一个新的图层，将新图层命名“标注”，单击“确定”按钮关闭“图层特性管理器”对话框，在图层栏中选择“标注”图层进行标注，如图 2.23 所示。

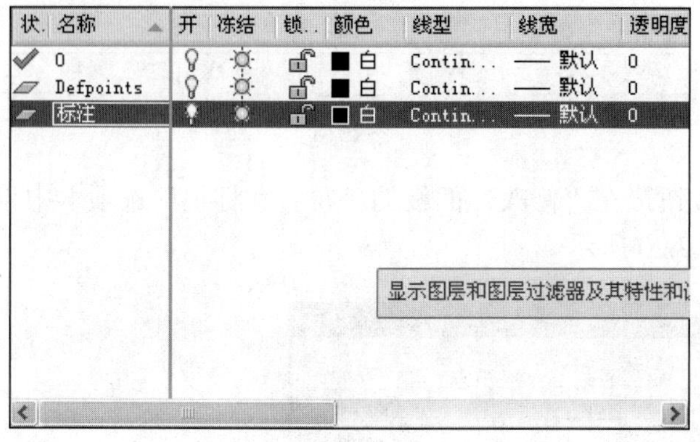


图 2.23

标注完成后如图 2.24 所示。

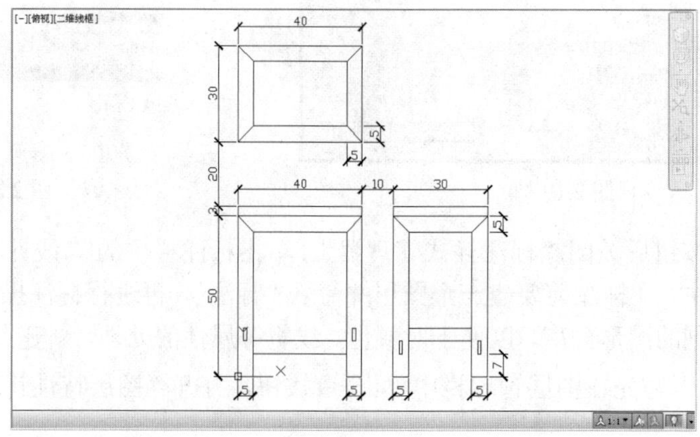


图 2.24

# 第3章　绘图辅助系统

## 3.1　图　　层

### 3.1.1　关于图层

AutoCAD 中的图层相当于完全重合在一起的一张透明纸，用户可以任意选择图层绘制图形，不受其他层上图形的影响。例如在建筑图中，可以将基础、楼层、水管、电气和冷暖系统等放在不同的图层进行绘制；在园林设计图中，可以将园林地形、园林建筑、园林小品和园林植物等不同的图形分别置于不同的图层中，并使用不同的线宽和色彩进行区别和标注。在 AutoCAD 中每个图层都以一个名称作为标识，并具有不同颜色、线型、线宽等特性和开、关、冻结等不同的状态。

通常使用图层来管理和控制复杂的图形，了解 AutoCAD 2014 中的对象和图层工具可以更有效地管理图形文件，提高工作效率。熟练掌握图层的特性及其应用是有效完成复杂图纸的前提。

### 3.1.2　图层的特性

图层具有以下特点。

系统对图层总数是没有限制的，用户可以在一幅图中指定任意数量的图层。对每一图层上的对象数也没有限制。

用户可以对每一个图层分别命名，以便于区分。当开始绘制一幅新图时，AutoCAD 自动创建名为 0 的图层，这是 AutoCAD 的默认图层，用户可以根据需要分别定义不同的图层。

一般情况下，位于一个图层上的对象应该是一种绘图线型、一种绘图颜色。用户可以根据需要改变各图层上的线型、颜色等特性。

AutoCAD 允许用户建立多个图层，但用户只能在当前图层上进行图形的绘制和编辑。

各图层具有相同的坐标系和相同的显示缩放倍数。用户可以对位于不同图层上的对象同时进行编辑操作。

用户可以对各图层进行打开、关闭、冻结、解冻、锁定与解锁等操作，以决定各图层的可见性与可操作性。

“快速特性”工具可以在不使用“特性”面板的情况下查看和修改内部的对象特性。可以在状态栏上开启或关闭“快速特性（QP)”工具。此特性开启时，仅需选择一个对象和所显示的特性便可进行编辑。

“图层特性管理器”是一种无模式工具，能够在使用其他命令的同时维持其显示状态。也就是能够像操作其他工具面板一样对其进行装卸、自动隐藏或固定等操作。任何通过图

层特性管理器做出的变更都将被实时地应用于图纸，不再需要进行“应用”操作。

可以锁定栏目的宽度，这样在使用滚动栏时，这些栏目仍然显示相同的信息。“名称”栏默认处于锁定状态。如果需要在对话框中显示更多的空间，可以通过折叠“过滤器”面板实现。

通过选择一个颜色样本，直接从“图层”下拉列表中访问“选择颜色”对话框。如果图层中存在视口颜色重叠，将以白色边界显示。新的黑色边界和箭头能够轻松地区分“选择颜色”对话框中的颜色。

### 3.1.3 图层的规划

在 AutoCAD 中，图层规划包括创建和删除图层、设置颜色和线型、控制图层状态等内容，如图 3.1 所示。

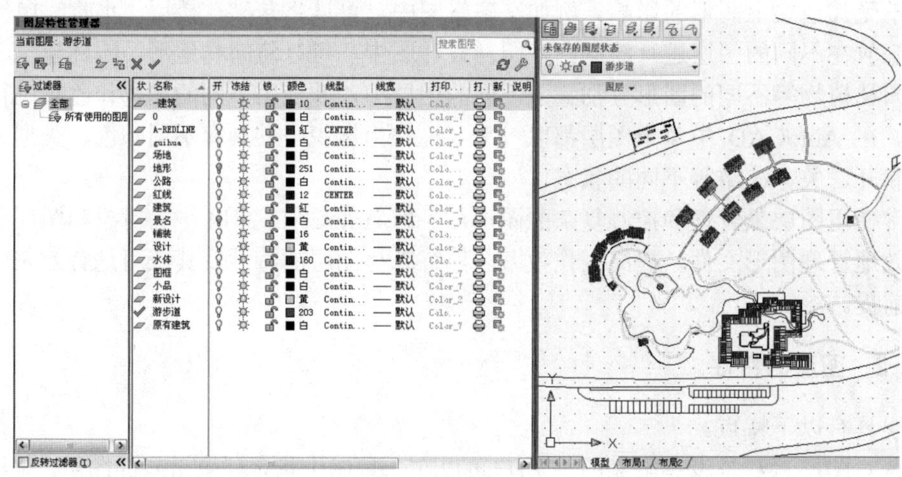


图 3.1

（1）控制图层状态。

使用图层绘制图形时，新对象的各种特性将由当前图层的默认设置决定。也可以单独设置对象的特性，新设置的特性将覆盖原来图层的特性。在“图层特性管理器”对话框中，每个图层都包含状态、名称、打开/关闭、冻结/解冻、锁定/解锁、线型、颜色、线宽和打印样式等特性。

（2）创建新图层。

在命令行输入 Layer 命令或单击“工具”→“图层工具组”→“图层特性管理器”命令，在打开的“图层特性管理器”对话框中单击“新建图层”按钮，如图 3.2 所示。可以创建一个名称为“图层 1”的新图层，该图层与当前图层的状态、颜色、线性、线宽等设置相同。

图 3.2

（3）名称。

默认情况下，图层名称按图层 0、图层 1、图层 2、图层 3……的编号依次递增设置，用户可依据个人制图需要为各图层重新命名。

（4）设置颜色和线型。

颜色对于园林设计图是非常重要的，它可以表示不同的园林构成和区域。每一个图层都应当拥有自己的颜色，对不同的图层可以设置相同的颜色，也可以设置不同的颜色。新建图层后，要改变图层的颜色，可在“图层特性管理器”对话框中单击图层的“颜色”列对应的图标，打开“选择颜色”对话框，如图 3.3 所示。

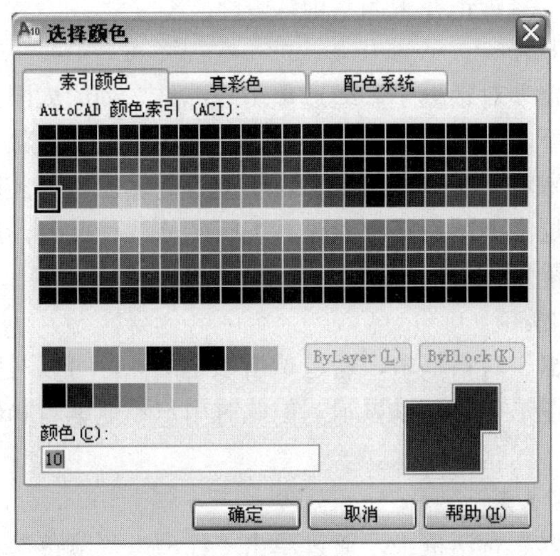


图 3.3

线型是指作为图形基本元素中线条的组成和显示方式，如虚线和实线等。在 AutoCAD 中既有简单线型，也有由一些特殊符号组成的复杂线型，以满足不同国家或行业标准的使用要求。在园林设计图纸中绘制不同对象时，可以使用不同的线型进行区分。默认情况下，图层线型为 Continuous，打开“选择线型”对话框，如图 3.4 所示。在“已加载的线型”列表框中选择一种线型，然后“确定”按钮，如图 3.5 所示。

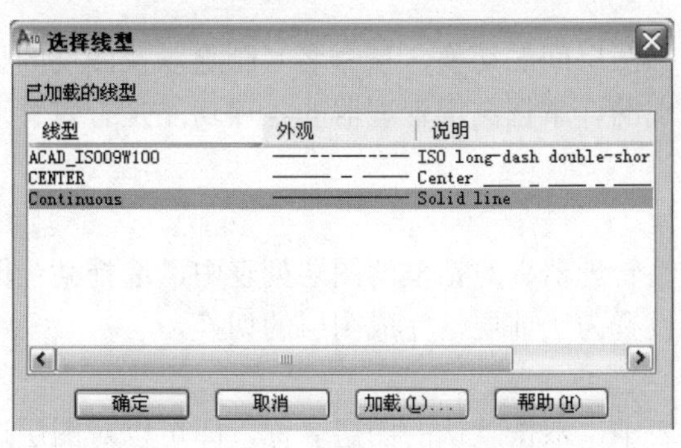


图 3.4

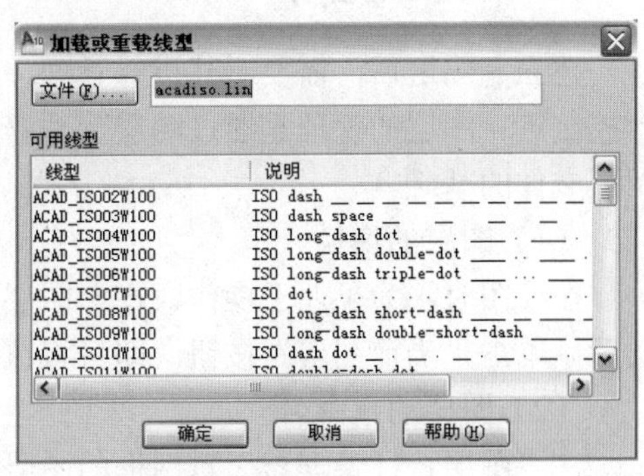


图 3.5

在加载线型时，系统除了提供实线线型外，还提供了大量的非连续线型，当图形的尺寸不同时，图形中绘制的非连续线型外观也将不同。

在园林设计和建筑设计中，线宽通常用来表示不同的结构基线，因此线宽的设置显得尤为重要。设置图层的线宽，可以在“图层特性管理器”对话框的“线宽”列中单击该图层对应的线宽“——默认”，打开“线宽”对话框，从中选择所需要的线宽。通过调整线宽比例，使图形中的线宽显示得更宽或更窄。

（5）打开和关闭图层。

在“图层特性管理器”对话框中，通过单击“开”列的灯泡形图标控制图层的开关属性。在打开状态下，灯泡显示为黄色，在关闭状态下，灯泡显示为灰色。值得注意的是，只有当图层在打开状态下，该图层上的图形才能显示和打印输出。关闭图层时，系统会自动弹出一个消息对话框，警告正在关闭当前层。

（6）图层的冻结和解冻。

在“图层特性管理器”对话框中，通过单击“冻结”列的太阳图标，可以冻结或解冻图层。图层在解冻状态下，太阳形图标显示为黄色；图层在冻结状态下，太阳形图标显示为灰色，该图层上的对象将不会显示出来，也不能打印输出。与关闭图层不同的是，在冻结图层的状态下，该图层上的图形将不能进行编辑和修改。此外，用户无法冻结当前层，也不能将冻结层改为当前层。

（7）图层的锁定和解锁。

在“图层特性管理器”对话框中，通过单击锁定图标，可以对图层进行锁定或解锁。锁定状态下，图层上的图形内容可以显示，但此时用户不能编辑和修改图形，但可以绘制新图形。

（8）线型、颜色和线宽。

在“图层特性管理器”对话框中，通过单击“线型”、“颜色”和“线宽”列对应的图标，可以分别选择图层的线型、颜色和线宽。

（9）打印样式。

在“图层特性管理器” 对话框中，通过单击“打印”列对应的打印机图标，设置图层是否被打印，这样可以方便用户在保持图形显示可见性不变的前提下控制打印属性。用户应当注意的是，已冻结和关闭的图层不会被打印，打印功能只针对可见图层。

### 3.1.4 图层的管理

建立完图层后，需要对其进行管理，包括图层间的切换、重命名、删除以及图层的显示控制等。图层的管理是通过图层管理器实现的，掌握图层管理器的各项功能是有效管理图形文件的基础。

（1）图层的切换。

在绘图时，为了便于操作，在“图层特性管理器”对话框的图层列表中，选择某一图层后，单击“当前图层”按钮，即可将该层设置为当前层，完成图层的切换。

（2）图层的重命名

在“图层特性管理器”对话框的图层列表中，双击默认的图层名称，即可以对图层进行重命名。

（3）图层的删除。

在“图层特性管理器”对话框的图层列表中，右击要删除的图层，在弹出的快捷菜单

中选择“删除图层”命令即可。

（4）使用“图层过滤器特性”对话框过滤图层。

图层过滤功能简化了图层的操作。图形中包含了大量的图层时，在“图层特性管理器”对话框中单击“新特性过滤器”按钮，在打开的“图层过滤器特性”对话框中命名图层过滤器，如图 3.6 示。

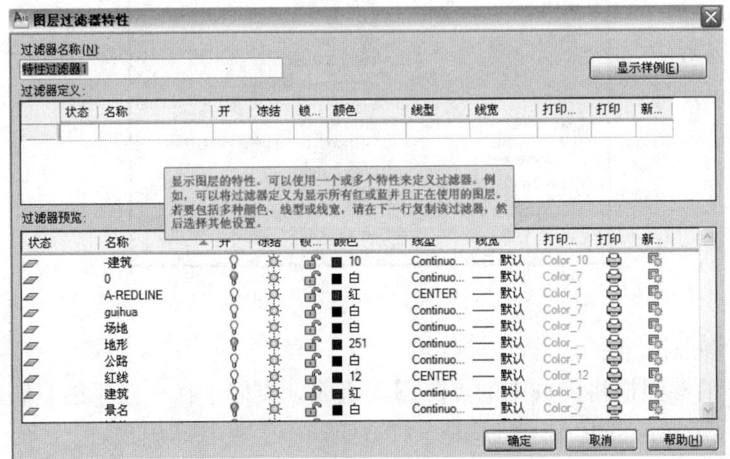


图 3.6

（5）使用“新组过滤器”过滤图层。

在 AutoCAD 中，除了使用“图层过滤器特性”对话框可以过滤图层外，还可以通过“新组过滤器”过滤图层。在“图层特性管理器”对话框中单击“新组过滤器”按钮，在对话框左侧的过滤器列表中添加一个“组过滤器 1”（也可以根据需要命名过滤器）。在过滤器中单击“所有使用的图层”节点或其他过滤器，显示对应的图层信息，然后将需要分组过滤的图层拖动到创建的“组过滤器 1”上即可。

（6）改变对象所在图层。

在实际绘图中，如果绘制完成某一图形元素后，发现该元素并没有绘制在预先指定的图层上，这时候可先选中该图形元素，并在“面板”选项板的“图层”选项区域的“应用的过滤器”下拉列表框中选择预设图层，即可改变对象所在图层。

（7）图层的转换。

使用 AutoCAD 提供的“图层转换器”可以转换当前图形的图层，使之与其他图形的图层或 CAD 标准文件相匹配。

## 3.2　捕捉与追踪

### 3.2.1　栅格捕捉

AutoCAD 的栅格捕捉是确保精确制图的有效方法，栅格可隐藏或显示，光标也可设置成在栅格上移动，栅格的大小可以设置。

如图 3.7 所示，“捕捉和栅格”中有“启动捕捉”和“启动栅格”两项勾选，其中有“捕

捉间距”和“栅格间距”的设置。

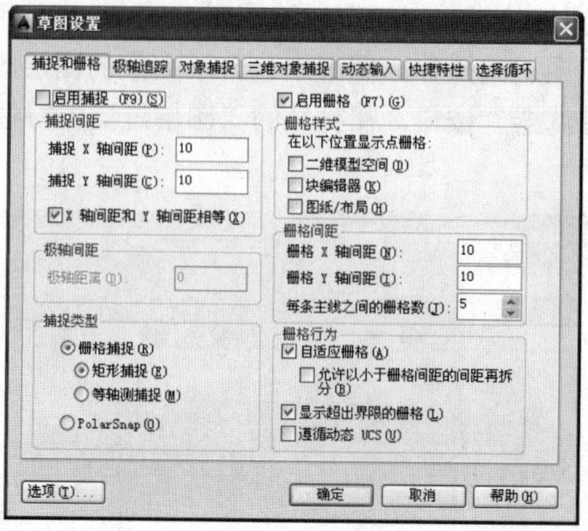

图 3.7

（1）设置参照网格。

AutoCAD 的参照栅格由规则的点阵图案组成。类似于在一张不能复制的方格阵上绘图，栅格虽然显示在绘图区域，但只是一种参照，不会被打印出来。

网格只分布在图形界限内，有助于将图形边界可视化，对齐对象，以及使对象之间的距离可视化。可根据需要打开和关闭栅格。也可更改栅格的间距。

设置栅格间距和捕捉可右击辅助制图栏中的网格图标 ▦，单击“设置”命令，打开“草图设置”对话框，也可单击“工具”→“草图设置”命令打开“草图设置”对话框，在命令行中输入 DSETTINGS 也可打开“草图设置”对话框。

（2）使用等轴测的捕捉和栅格。

用户可使用“等轴测的捕捉和栅格”选项来创建二维等轴测图。使用等轴测选项，可在二维平面上简单地绘制三维模拟视图，与在图纸上绘制完全相同。等轴测选项通常使用三个预设平面，分布为左平面、右平面和顶平面，如图 3.8 所示。用户不能改变这些平面设置。如果捕捉角度为 0°，则三个等轴测轴分别为 30°、90° 和 150°。

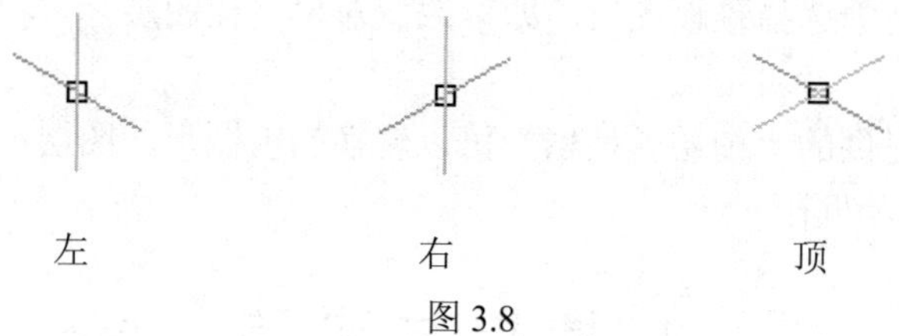


图 3.8

通常按 Ctrl+E 组合键或 F5 键，可在几个等轴测平面之间切换。当更改平面时，十字光标将会更改以指出当前的等轴测平面。

当打开等轴测捕捉和栅格选项，选择某个等轴测平面时，捕捉间隔、栅格和十字光标将与当前平面对齐。栅格总是显示为等轴测方向，并使用 Y 坐标计算栅格间距。

（3）极轴捕捉。

在绘图中有种特殊的称为极轴捕捉的捕捉控制，它使光标捕捉与极轴角点增量对齐。

角度增量可在“草图设置”对话框中设置，单击“极轴追踪”选项卡，如图 3.9 所示，根据需要选择和输入相应的参数。

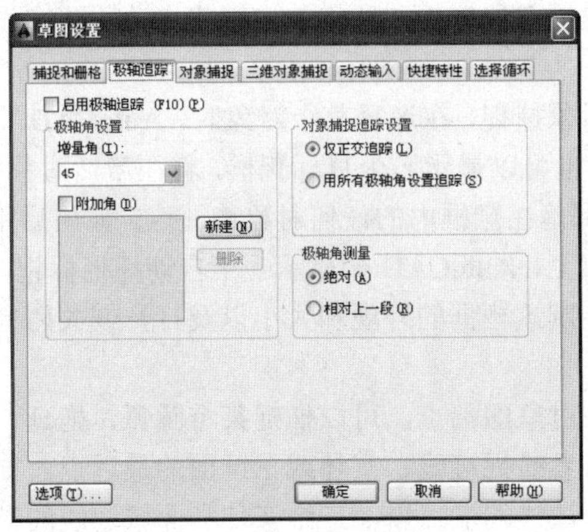


图 3.9

使用极轴捕捉必须打开捕捉和极轴追踪。单击状态栏上的“极轴”追踪按钮或者按 F10 键启动极轴追踪，打开极轴追踪后，光标移过极轴对齐角时，AutoCAD 将显示一个对齐路径，并且显示距离及角度工具提示。如果捕捉和极轴追踪都打开，光标将按极轴对齐角度捕捉到极轴距离增量。

图 3.10 所示为绘制直线时极轴追踪启用情况，当确定直线的第一个点后，鼠标移动时在 45° 角度情况下极轴追踪起作用。

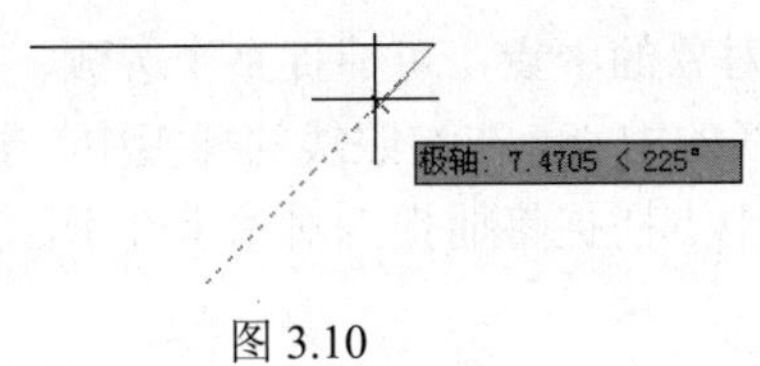


图 3.10

### 3.2.2 正交模式

某些情况下，将光标的移动限制在当前的水平和垂直轴上会有助于绘图，这样可以按直角（或正交）方向进行绘制。需要启动正交模式，单击按钮，或按 F8 键，也可在命令行中输入 ORTHO 命令。

### 3.2.3 对象捕捉

使用对象捕捉可以快速选择现有对象上的特征点，而不必知道这些点的准确坐标。使用对象捕捉，可选择直线和弧的端点、圆和圆心、任何两个对象的交叉点，或者任何有意义的几何点，还可以使用对象捕捉绘制与现有对象相切或者垂直的对象，如图 3.11 所示。

图 3.11

使用对象捕捉时，AutoCAD 仅识别可见对象或者对象的可见部分。不能捕捉已经关闭的图层上的对象，也不能捕捉虚线的空白部分。

可使用不同的方式设置对象捕捉。所用的方法将取决于正在设置的是运行时对象捕捉还是一次对象捕捉。

指定了一个或多个对象捕捉，在选择某个对象时，AutoCAD 将捕捉到该对象最接近十字光标交叉点的特征点。也可以显示一个目标靶框，将在激活对象捕捉时加入十字光标中。然后，AutoCAD 将捕捉到落在靶框内的任何对象特征点。如果启用了自动捕捉，则将十字光标移动到相应的捕捉点上，AutoCAD 会显示一个自动捕捉标记。可以通过“选项”对话框的“草图”选项卡来控制该靶框的外观和大小以及打开或关闭自动捕捉等参数。

（1）端点。

端点对象捕捉将查找对象的端点，可以捕捉某个圆弧、拖延、多线、直线、多段线或者射线的最近的端点。或者捕捉迹线、实体或三维面的最近点。如果对象有厚度，则端点对象捕捉还能捕捉到对象边线的端点以及三维实体和面域边线的端点。端点一般以小方块显示，如图 3.12 所示。

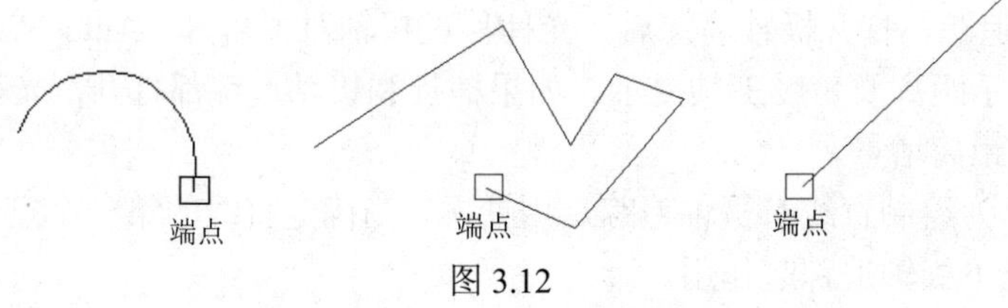


图 3.12

（2）中点。

中点对象捕捉即查找对象的中点，可捕捉某个圆弧、椭圆弧、多线、直线、多段线、实体、样条曲线或者参考线的中点。在参照线的捕捉中，中点捕捉将捕捉第一个定义的点。对于样条曲线和椭圆弧，中点捕捉将捕捉到对象上介于起点和终点之间的中点，如图 3.13 所示。

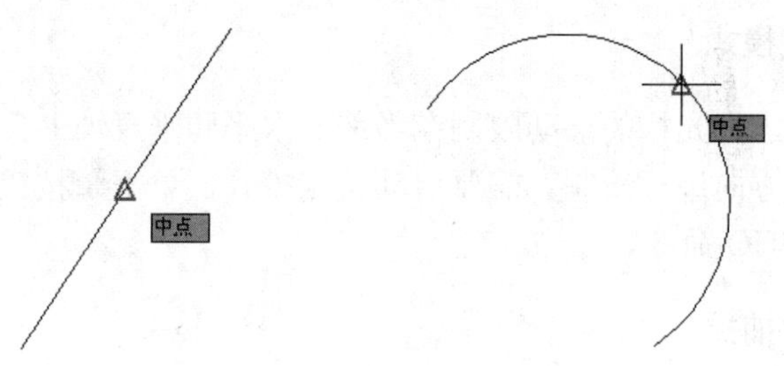


图 3.13

（3）交点。

交点对象捕捉是查找对象任一结合处的交点。可以捕捉圆弧、圆、椭圆、椭圆弧、多线、直线、多段线、射线、样条曲线和参照线的交点，以及这些对象任意结合处的交点。交点对象捕捉还捕捉面域和曲面边线的交点，但不能捕捉三维实体的边线或交点。还可以

捕捉具有厚度的对象的交点。如果两个对象在同一方向增厚，而且这两个对象具有相交部分，则可以捕捉其边线的交点。但是，如果两个对象的厚度不同，则较薄的对象决定交点捕捉点。

如果按一定比例缩放图块，则可以捕捉图块中的交点。

延伸交点模式将捕捉两个对象虚拟的交点，但是必须保证这两个对象沿着其路径延伸时将会相交，若使用延伸交点模式，必须明确地选择一次交点对象捕捉方式，然后单击其中的一个对象。AutoCAD 提示选择第二个对象，单击第二个对象后，程序将立即捕捉到这两个对象延伸所得到的虚拟交点，如图 3.14 所示。

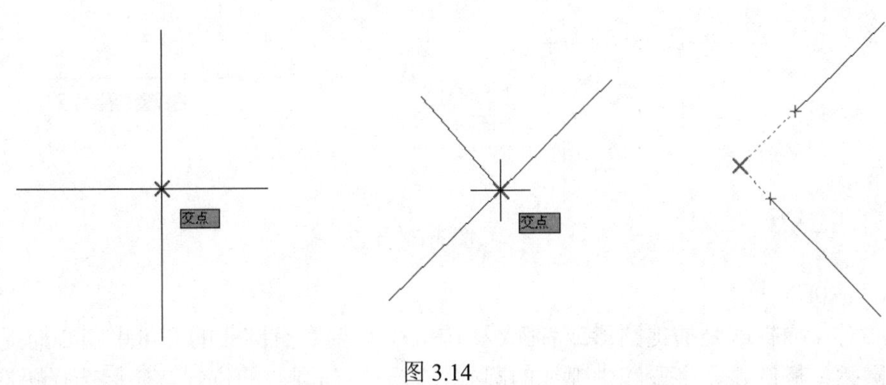


图 3.14

（4）外观交点。

外观交点是从视角的角度去捕捉点，如三维空间的两个物体没有相交，但从屏幕的角度看两个对象有相交的部分，这个相交点就是外观交点。可以捕捉圆弧、圆、椭圆、椭圆弧、多线、多段线、直线、射线、样条曲线或者参照线构成的两个对象的外观交点。延伸到外观交点对象捕捉模式将捕捉到两个对象虚构的交点，但是必须满足将这两个对象沿着其路径延伸时将显示相交。使用延伸到外观交点模式，必须明确的选择一次外观交点对象捕捉方式，然后单击其中一个对象。AutoCAD 提示选择第二个对象，单击第二个对象后，程序将立即捕捉到这两个对象延伸所得到的外观交点。

如图 3.15 所示，图 3.15（a）中显示五边形与矩形相交，图 3.15（b）中显示两者其实是不相交的对象，只有视图上看起来相交时才可以捕捉到外观相交点。

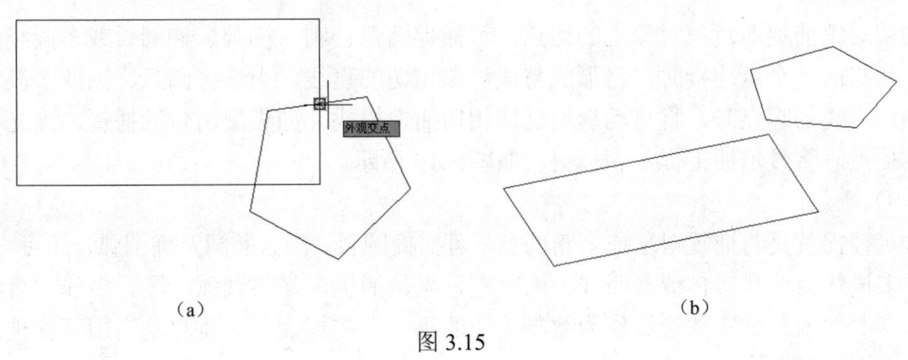


（a）　　（b）

图 3.15

（5）延长线。

延长线对象不可以用于查找沿着直线和弧线的自然延伸线上的点。若要使用延伸对象捕捉，应使光标暂停在某条直线或圆弧底端点。AutoCAD 将在光标位置添加一个小的（+），以指出该直线或弧线已经选为延伸线。当沿着直线或者圆弧底自然延伸路径移动光标时，AutoCAD 将显示临时延伸路径，也称为对象捕捉追踪（自动追踪的一种特定形式）。

可以将延长线对象捕捉与其他对象捕捉结合使用，例如与交点或与外观交点对象捕捉结合使用，以查找直线或者圆弧与另一个对象延伸的交点，也可以选择用于延伸到多条直线或者圆弧以定位两个对象延伸的交点，如图 3.16 所示。

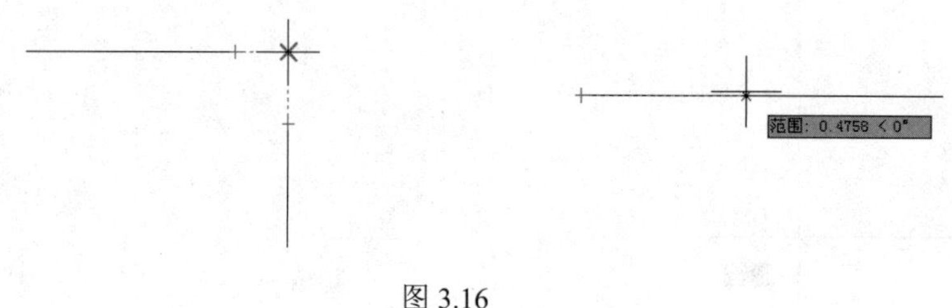


图 3.16

（6）圆心。

圆心对象捕捉就是捕捉圆形或者弧线的中心，只要是有圆心的都可用圆心捕捉，如圆、椭圆、圆弧、椭圆弧、多段线中弧线的圆心。若要得到圆心的位置，光标选择图形可见部分才能显示圆心的位置，如图 3.17 所示。

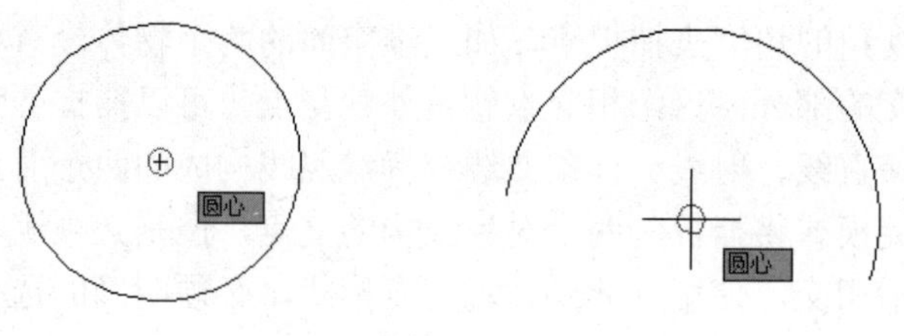


图 3.17

（7）象限点。

象限点对象捕捉即查找曲线对象的象限点。可捕捉圆弧、圆、椭圆、椭圆弧，或者多段线弧段的最近象限点，如图 3.18 所示。

（8）相切。

相切对象捕捉即查找对象上的切点，可捕捉圆弧、圆、椭圆、椭圆弧或多段线弧段上的点，当与前一个点连接时，将形成与该对象相切的直线。当选择圆弧、圆或多段线弧段作为相切直线的起点时，将自动启用延伸相切捕捉模式。如果启用自动捕捉，当光标通过相切捕捉点时将显示捕捉提示和标记，如图 3.19 所示。

（9）垂足。

垂足捕捉就是与捕捉对象成直角的点，可捕捉圆弧、圆、椭圆及椭圆弧，还可与直线、多线、多段线射线和实体或参照线上的点进行垂足捕捉。当将圆弧、圆、多线、直线、多段线、参照线或三维实体边线作为绘制垂线的第一个捕捉点时，将自动启用延伸垂足捕捉模式，如图 3.20 所示。

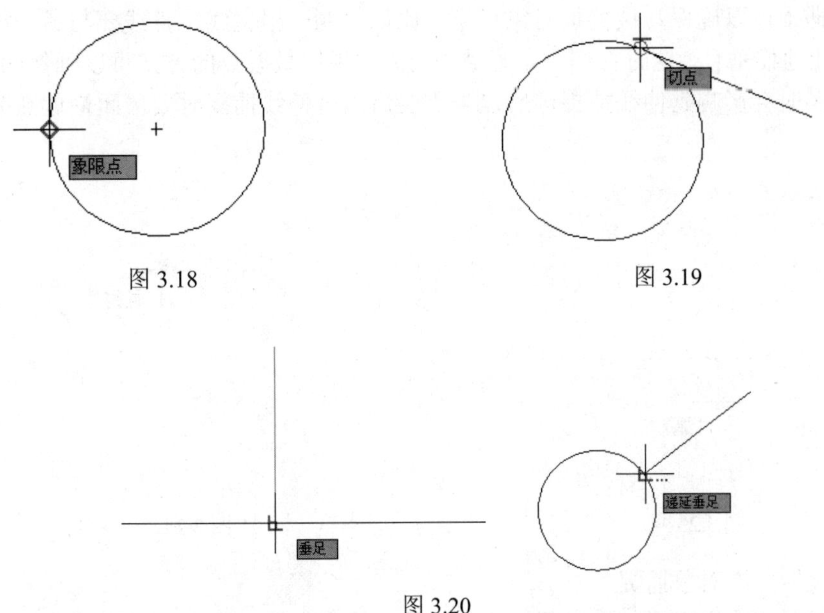


图 3.18

图 3.19

图 3.20

（10）平行。

平行对象捕捉模式可用于创建与现有直线段平行的直线段。若要使用平行对象捕捉模式，需要预先有一根需要平行于他的直线，再绘制另一根平行线，启用直线命令后在屏幕需要的位置单击后产生直线的起点，后将光标停留在预先准备的线上，此时光标下有平行线的图标出现，停留片刻，将光标移动到直线的另一个末点位置，此时会出现与预先直线平行的一条虚线只要在虚线上单击可得到一条与预先直线平行的直线，如图 3.21 所示。

（11）插入。

插入对象捕捉模式查找属性、属性定义、块、形状或文本对象的插入点。若要捕捉对象的插入点，请拾取对象上的任何位置，如图 3.22 所示。

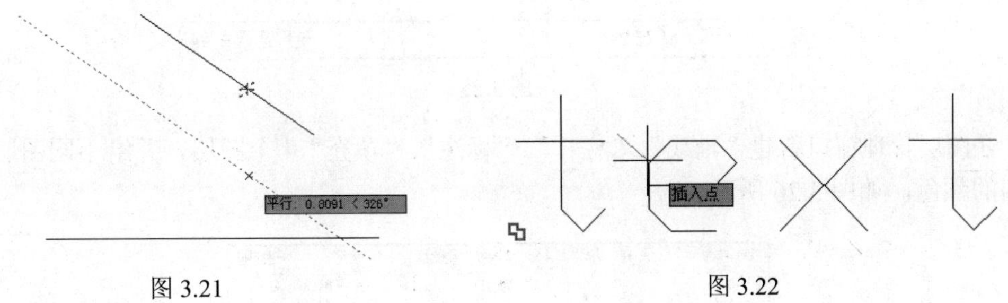


图 3.21

图 3.22

（12）节点。

节点对象捕捉是对点的捕捉，如将一段线进行等分，等分的标记就是点，只有启用了节点捕捉，等分才是有效的，可以用节点捕捉找到等分的位置进行相应的操作。节点的符号如图 3.23 所示。

（13）最近点。

最近点对象捕捉模式即查找在另一个对象上看离光标最近的点。可以捕捉在圆弧、圆、椭圆、椭圆弧、多线、直线、点、多段线、射线、样条曲线或参照线上的最近点。

最近点捕捉可以确保与被捕捉对象相交，比如绘制一根直线，直线要与另一根直线相交，又不想让他们垂直，这时使用垂足显然不行，如果用最近点的方式可以确保两线相交。但最近点很多时会影响延伸线捕捉，所以当需要启用延伸线捕捉时要关闭最近点捕捉，如图 3.24 所示。

图 3.23　　　　图 3.24

（14）设置一次对象捕捉。

可以针对单一选择启用一次对象捕捉方式，方法是在另一个命令激活时选择一种对象捕捉模式。例如，在绘制直线时，如果要捕捉现有直线的中心点，可以激活中点捕捉模式。一次对象捕捉只为当前选择激活。一旦选择了图形中的某个点，对象捕捉也就关闭了。

## 3.3 实 例 练 习

### 3.3.1 新建图层

在图层管理栏（图 3.25）中单击按钮，进入图层管理窗口。

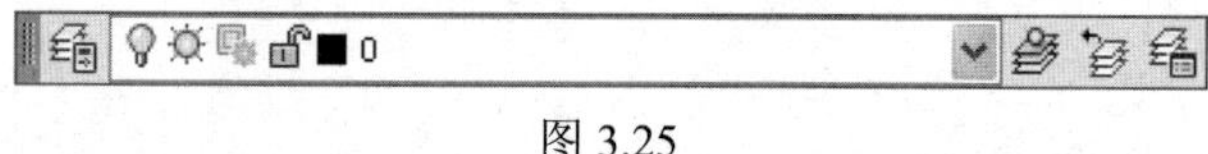


图 3.25

在图层管理窗口新建“轴线”、“栏杆”、“标注”、“填充” 4 个图层，并给不同图层设置不同的颜色，如图 3.26 所示。

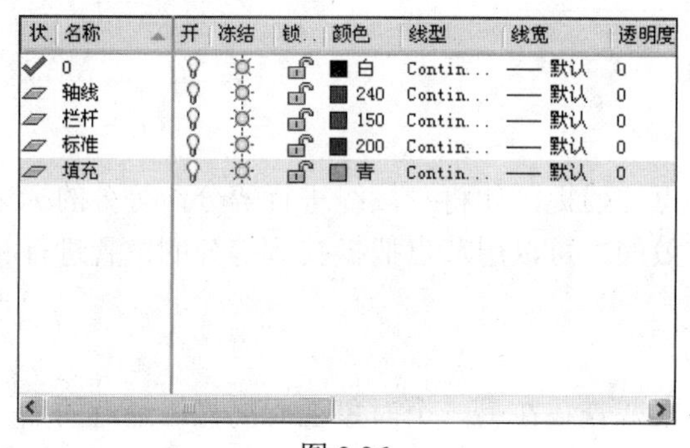

| 状. | 名称 | 开 | 冻结 | 锁.. | 颜色 | 线型 | 线宽 | 透明度 |
|---|---|---|---|---|---|---|---|---|
| ✔ | 0 | | | | 白 | Contin... | —— 默认 | 0 |
| | 轴线 | | | | 240 | Contin... | —— 默认 | 0 |
| | 栏杆 | | | | 150 | Contin... | —— 默认 | 0 |
| | 标准 | | | | 200 | Contin... | —— 默认 | 0 |
| | 填充 | | | | 青 | Contin... | —— 默认 | 0 |

图 3.26

单击“轴线”层中的“线型”，加载虚线，如图 3.27 和图 3.28 所示。

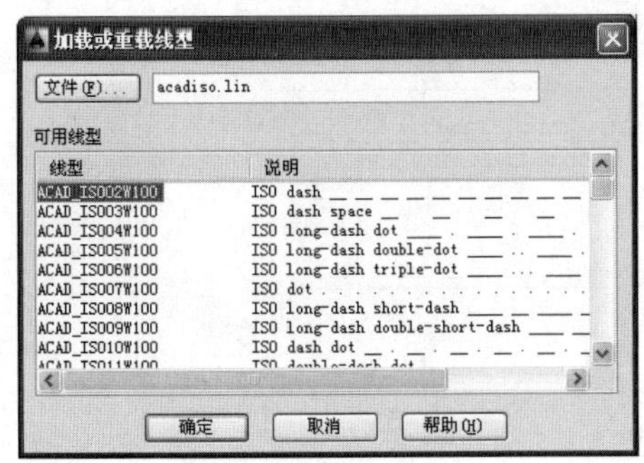


图 3.27

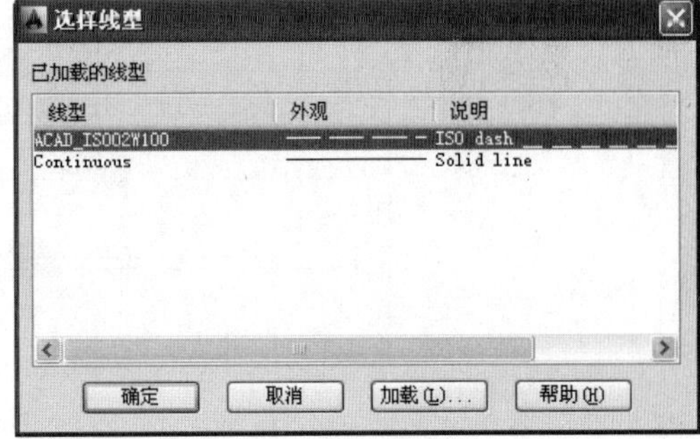


图 3.28

使用比例改变因子命令 LTS 修改比例因子为 3。

命令: LTS

LTSCALE 输入新线型比例因子 <5.0000>: 3

### 3.3.2　绘制轴线和偏移

选择“栏杆”层，如图 3.29 所示。

图 3.29

命令: _line

指定第一个点:

指定下一点或 [放弃(U)]:　<正交 开> 3700

指定下一点或 [放弃(U)]:

命令: Z ZOOM

指定窗口的角点，输入比例因子 (nX 或 nXP)，或者

[全部(A)/中心(C)/动态(D)/范围(E)/上一个(P)/比例(S)/窗口(W)/对象(O)] <实时>: a

按如下数值从下向上偏移线条，间隔分别为 50、380、150、120、40、50、160，如图 3.30 所示。

绘制一根竖线后从左向右偏移竖线两根，间隔 1500，如图 3.31 和图 3.32 所示。

再将竖线左右各偏移一根，间隔 80，如图 3.33 所示。

图 3.30

图 3.31

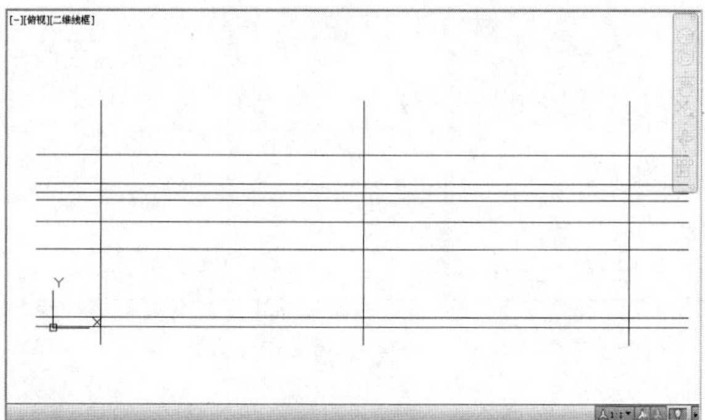

图 3.32

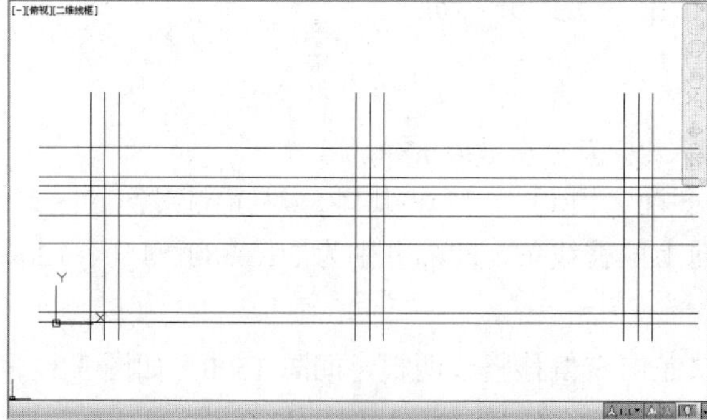

图 3.33

这样就有了栏杆的雏形，先选择三根竖线，再选择轴线图层，使三根竖线成为轴线，如图 3.34 所示。

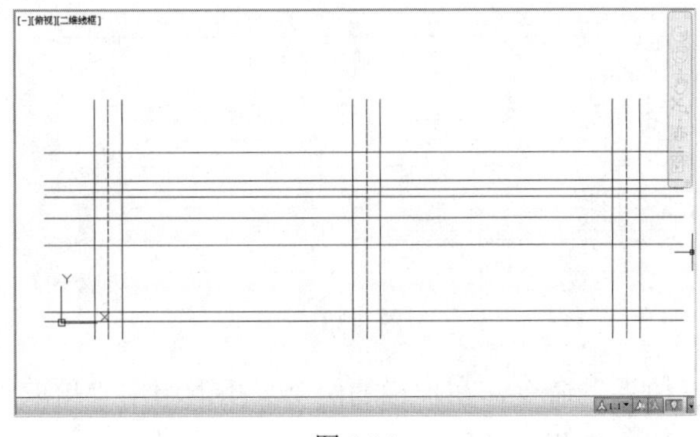

图 3.34

### 3.3.3　修剪与绘制细节

单击修剪按钮 ，按空格，将不要的部分剪掉，修剪后如图 3.35 所示。

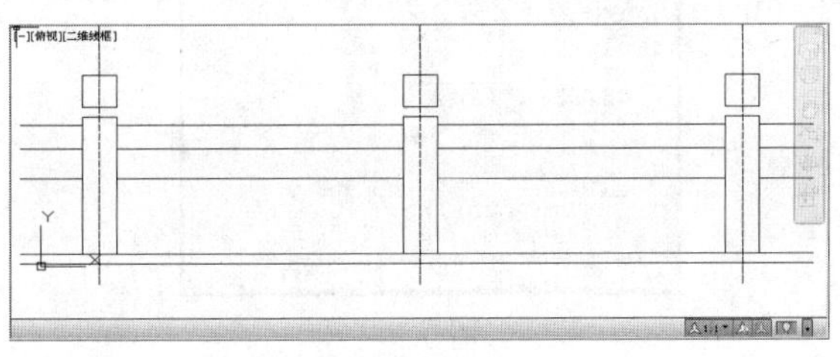

图 3.35

给每根柱子添加离边 20 个单位的短线，如图 3.36 和图 3.37 所示。

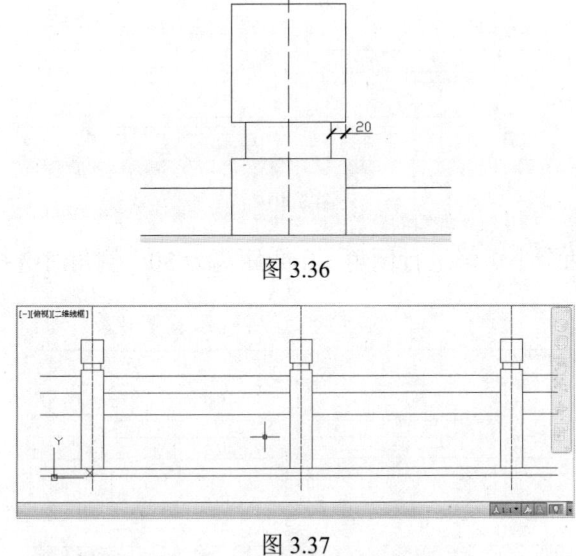


图 3.36

图 3.37

给柱头添加倒角，单击 按钮，进入倒角设置，设置倒角的距离为 20，如图 3.38 所示。

命令：chamfer

一条直线或 [放弃(U)/多段线(P)/距离(D)/角度(A)/修剪(T)/方式(E)/多个(M)]: D

第一个 倒角距离 <0.0000>: 20 指定 第二个 倒角距离 <20.0000>: 20

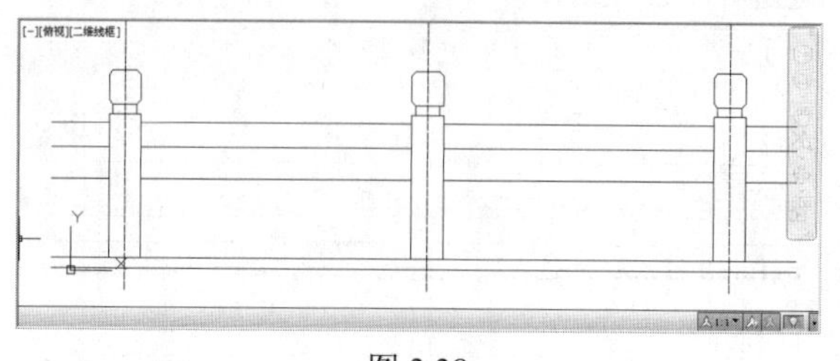

图 3.38

单击“绘图”→“边界”命令，在护栏的两个大矩形中用“拾取点”单击矩形，得到一个新的完整的矩形，如图 3.39 所示。

图 3.39

单击“偏移”工具，偏移 70，得到两个更小的矩形，如图 3.40 所示。

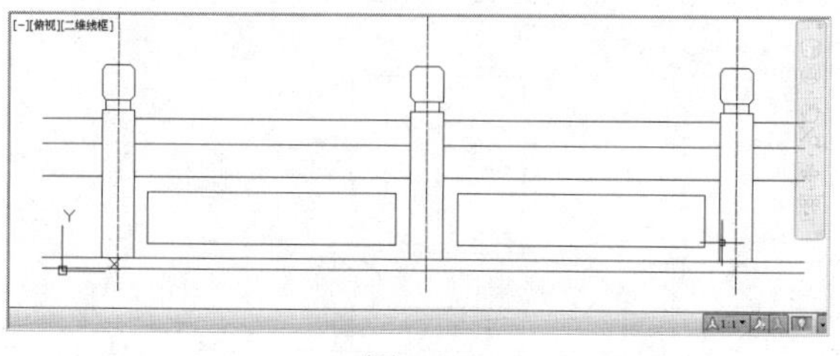

图 3.40

利用倒角工具对两个小矩形进行倒角，倒角距离为 30，倒角时选择“多短线”最终效果如图 3.41 所示。

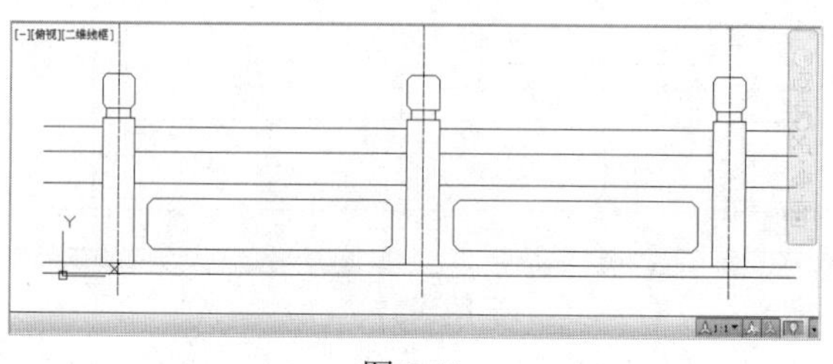

图 3.41

命令：chamfer
第一个 倒角距离 <20.0000>: 30 指定 第二个 倒角距离 <30.0000>:
第一条直线或 [放弃(U)/多段线(P)/距离(D)/角度(A)/修剪(T)/方式(E)/多个(M)]: P

### 3.3.4 绘制栏杆装饰

栏杆装饰从中间开始绘制，绘制时需要启用对象捕捉，捕捉中心点，使用“直线”工具从中心追踪100个单位后开始绘制，依据如图3.42（a）所示尺寸绘出栏杆装饰，单击“绘图”→“边界”命令，将图形生成多边形，使用“偏移”工具偏移50个单位得到小图形，如图3.42（b）所示。

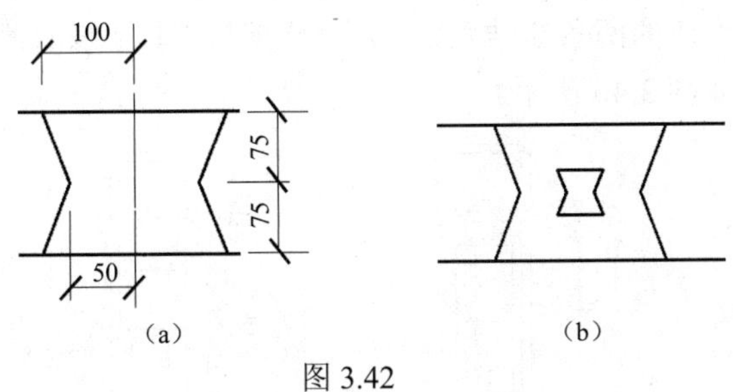


（a）　　　　（b）

图 3.42

绘出一个栏杆装饰后，其他几个通过复制和修剪来完成，如图3.43所示。

**注意：**这里最重要的是延伸线捕捉定位，通过最终定位可以得到准确的位置来绘制直线，复制时要注意基点的选择，基点选对了才能很好的对齐。

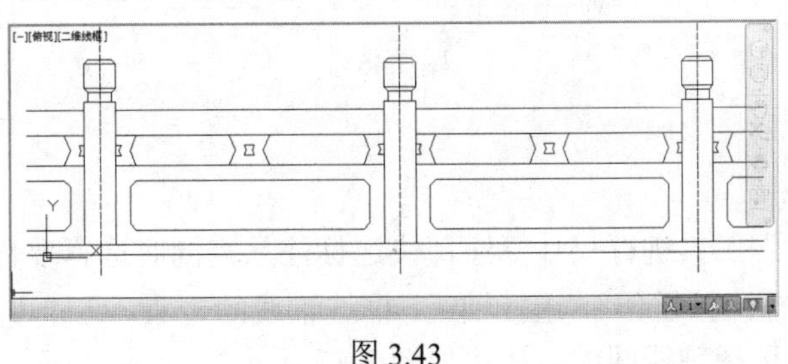

图 3.43

### 3.3.5 栏杆剖面绘制

用“复制”工具复制一根完整的立柱，如图3.44所示。

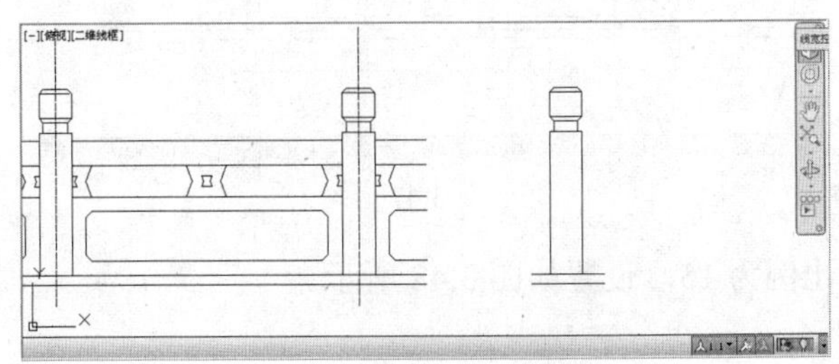

图 3.44

用“对象追踪”工具延伸出延伸线，定义栏杆剖面的位置，如图3.45所示。

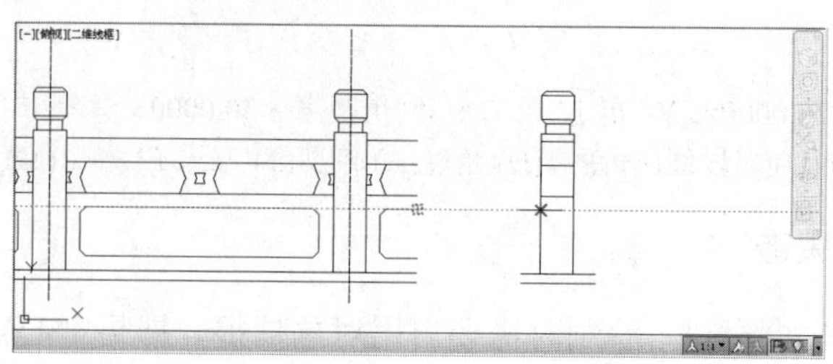

图 3.45

用“偏移”工具将柱子的两边各以 20 个单位往里偏移两条竖线，单击“直线”按钮，以柱内最下边的横线中点为追踪点，作为左边和右边延伸定位直线的起点，输入数值 130，再往下垂直穿过柱子底座的两条线结束。利用“修剪”工具，修剪掉不需要的部分，用“填充”工具填充图案，如图 3.46 所示。

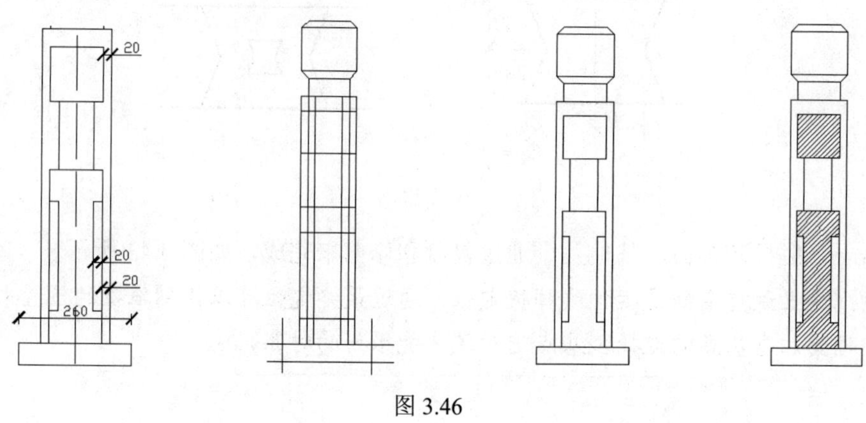


图 3.46

### 3.3.6 标注

使用“快速标注”工具进行尺寸标注，快速标注只需同时选择要标注的边线就可同时生成标注，单击快速标注按钮，选择轴线，框选轴线的一头，这样可以一次选几条轴线，按空格键就可拖出所选择轴线间的标注，如图 3.47 所示。

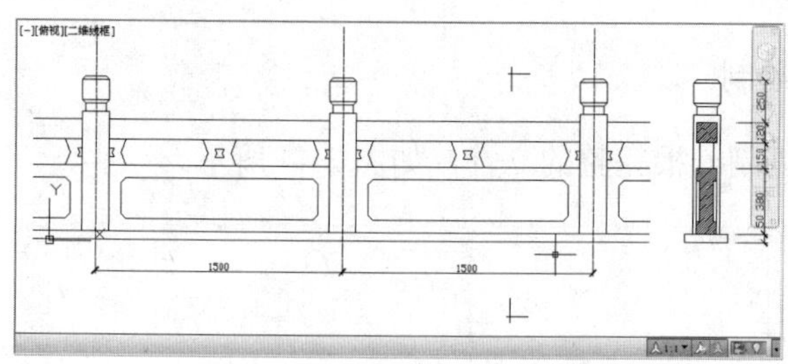


图 3.47

此处标注的整体比例为 15，设置如图 3.48 所示。

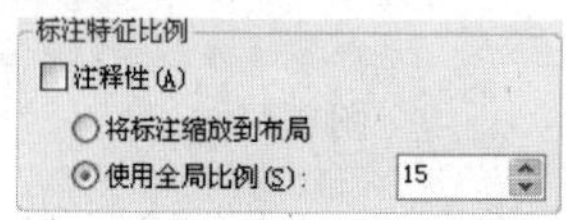


图 3.48

# 第 4 章　二 维 绘 图 工 具

## 4.1　绘　图　工　具

### 4.1.1　矩形

矩形命令可以指定矩形的参数（长度、宽度、旋转角度），控制角的类型（直角、倒角和圆角），在命令行输入 REC 也可调用矩形命令。

绘制矩形需要两个坐标点，启动矩形命令时会提示输入第一个角点和第二个角点，如绘制一个普通的矩形，第一个角点是屏幕上任意一点，第二个角点采用相对坐标输入方式，得到一个 30×20 的矩形，如图 4.1 所示。命令行显示如下：

命令: _rectang
指定第一个角点或 [倒角(C)/标高(E)/圆角(F)/厚度(T)/宽度(W)]:
指定另一个角点或 [面积(A)/尺寸(D)/旋转(R)]: @30,20

矩形命令启动后，命令行出现“倒角(C)/标高(E)/圆角(F)/厚度(T)/宽度(W)”提示，如图 4.2 所示是有倒角的矩形，选项是“倒角(C)”，第一个角点是屏幕上任意一点，第二个角点用相对坐标点输入方式得到。命令行显示如下：

命令: _rectang
指定第一个角点或 [倒角(C)/标高(E)/圆角(F)/厚度(T)/宽度(W)]: c
指定矩形的第一个倒角距离 <0.0000>: 4
指定矩形的第二个倒角距离 <4.0000>: 4
指定第一个角点或 [倒角(C)/标高(E)/圆角(F)/厚度(T)/宽度(W)]:
指定另一个角点或 [面积(A)/尺寸(D)/旋转(R)]: @30,20

图 4.1

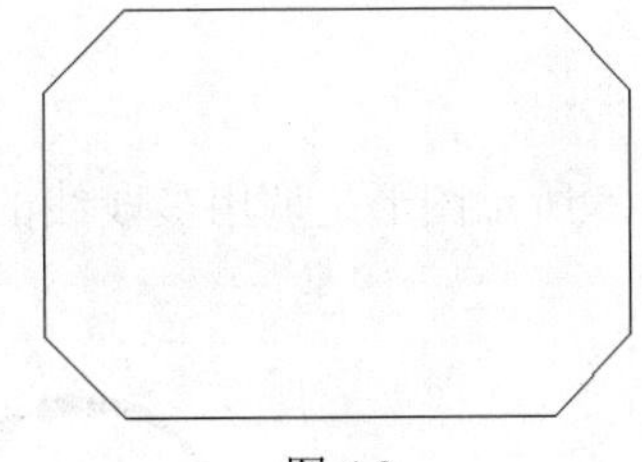

图 4.2

图 4.3 所示为调用矩形命令提示中的“圆角（F）”选项完成的图形，圆角半径为 4，第一个角点为屏幕上任意一点，第二个角点采用相对坐标输入，命令行显示如下：

命令: _rectang
指定第一个角点或 [倒角(C)/标高(E)/圆角(F)/厚度(T)/宽度(W)]: f
指定矩形的圆角半径 <4.0000>: 4
指定第一个角点或 [倒角(C)/标高(E)/圆角(F)/厚度(T)/宽度(W)]:
指定另一个角点或 [面积(A)/尺寸(D)/旋转(R)]: @30,20

图 4.3

### 4.1.2 构造线

构造线可以画无限长的线，调用命令为 XL，它可以画水平线或垂直线，还能画角度线，并可以二等分角度和画偏移线。

### 4.1.3 多段线

多段线可以由直线段和弧线段共同组成。调用命令为 PL，多段线和普通线段组成的图形不同，多段线由直线段或弧线段组成，它们是一个整体，可以编辑线的宽度，普通线段组成的图形，线段之间是相互独立的，无法编辑其线宽。

多段线变化丰富，可变为箭头，也可变为图形，启动多段线命令，绘制第一个点，命令行出现“圆弧(A)/半宽(H)/长度(L)/放弃(U)/宽度(W)”提示，图 4.4 所示为一条多段线。

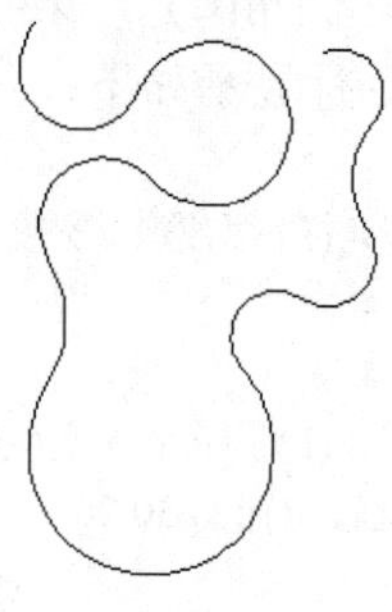

图 4.4

图 4.5 所示图形是调用多段线的“圆弧（A）”选项完成的，整条曲线由不同的圆弧连接而成。

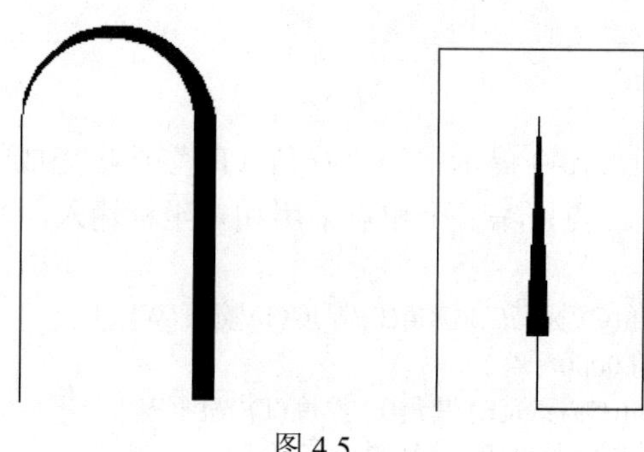

图 4.5

两个图形一个是拱门，一个是箭头，都是采用多段线完成的，拱门由直线和弧线组成，线宽是变化的，箭头用了多段的直线，调节最后一根线段起点和终点的线宽，就得到了箭头的形状。命令行显示如下：

命令: PL PLINE
指定起点:
当前线宽为 0.0000
指定下一个点或 [圆弧(A)/半宽(H)/长度(L)/放弃(U)/宽度(W)]: 1
指定直线的长度:
指定下一点或 [圆弧(A)/闭合(C)/半宽(H)/长度(L)/放弃(U)/宽度(W)]: w
指定起点宽度 <0.0000>: 0.2
指定端点宽度 <0.0000>: 0

### 4.1.4 圆

圆的绘制方法很多，调用快捷键为 C，可以通过圆心、半径参数画圆；通过圆心、直径参数画圆；通过两点（2P）距离画圆；通过三点（3P）画圆；通过相切、相切、半径（T）参数画圆；通过三点相切画圆，如图 4.6 所示。

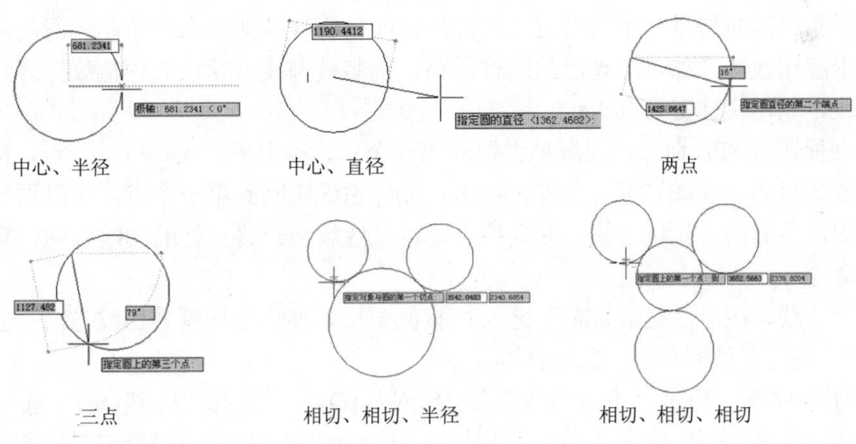


图 4.6

### 4.1.5 椭圆

可以通过轴长、半径等参数绘制椭圆。调用快捷键为 EL，有三种画法：一指定中心点、端点、端点；二指定轴、端点；三指定椭圆弧。

### 4.1.6 正多边形

正多边形指每条边及内角都相等的多边形，用于绘制三边以上的正多边形，有内接多边形和外切多边形，调用快捷键为 POL。正多边形有三种创建方法，如图 4.7 所示。

（1）指定圆心和内切圆半径（I）。
（2）指定圆心和外切圆半径（C）。
（3）指定正多边形的边长和一条边的两个端点。

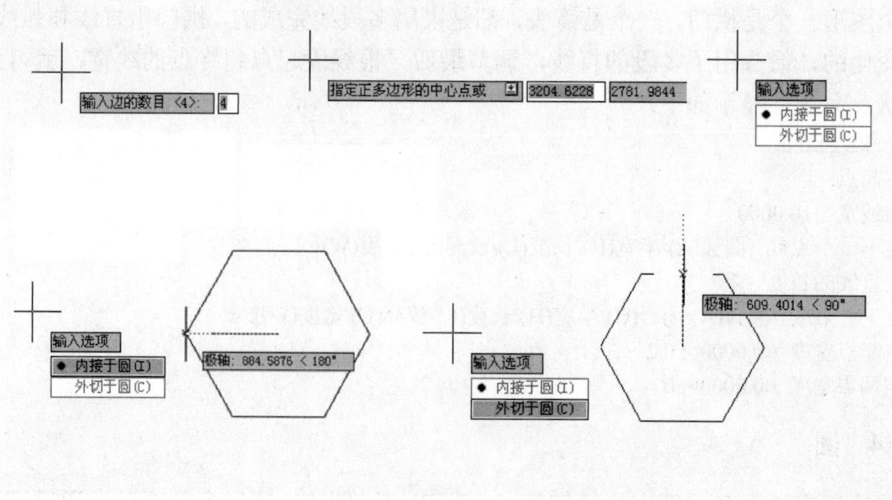


图 4.7

### 4.1.7 样条曲线

所谓样条曲线是通过一系列给定点的光滑曲线，用样条曲线命令绘制光滑的曲线，在园林设计中应用较多，如自然光滑的园林道路，铺装装饰线、花坛的种植纹样等经常要用到样条曲线，调用快捷键为 SPL。

在命令行输入 SPL 命令，在屏幕上拾取第一个点，指定下一点，再下一点，提示输入下一个点或选择闭合（或）拟合公差。右击，光标引线跳回到第一个点，可以调整起点处的切线方向，再右击，光标引线又回到终点，可以继续调整终点处的切线方向，第三次右击，结束命令。

要闭合曲线，在命令提示状态下键入 C 按回车键，移动光标调整切线方向（会影响曲线的形状），确定后按回车键，结束命令。

激活样条曲线，提示“方式(M)/阶数(D)/对象(O)”，选择“方式(M)”选项后提供“拟合(F)/控制点(CV)”两个选项，应用这两个选项，相似的鼠标轨迹产生了不同的线条曲度，如图 4.8 所示，一个鼠标点在线上，一个鼠标点在线外，这是样条曲线的两种形式。

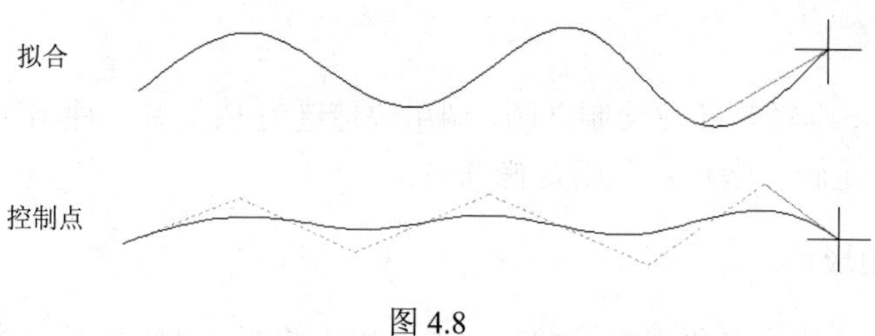


图 4.8

图 4.9（a）所示为绘制好的多段线，双击多段线，命令行提示“闭合(C)/合并(J)/宽度(W)/编辑顶点(E)/拟合(F)/样条曲线(S)/非曲线化(D)/线型生成(L)/反转(R)/放弃(U)”，选择“样条曲线(S)”选项，将多段线转换为样条曲线，如图 4.9（b）所示。

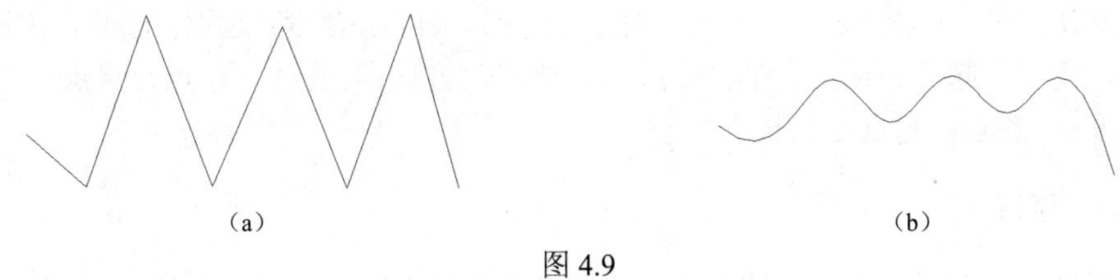

(a) (b)

图 4.9

### 4.1.8 射线

射线命令用来绘制从一个点出发的射线，有起始点，没有终结点。调用快捷键为 REY。键入 REY 命令，指定起点和通过点，拾取射线通过的点，创建一条从第一点出发并通过第二点的射线。

### 4.1.9 多线

多线命令执行的结果是创建一组可包含 16 条直线的平行线，这些平行线被称为元素。通过指定距离多线初始位置的偏移量可以确定元素的位置。用户可以创建、保存或隐藏多线的连接。连接就是出现在多线元素每个顶点处的线条，有多种类型的封口可用于多线，例如直线、弧线。调用快捷键为 ML，它有三个选项：对正(J)/比例(S)/样式(ST)。

“对正”是指鼠标十字中心是上线对齐、下线对齐还是居于两线之间；“比例”是指两线之间的宽度；“样式”就是风格，要事先设置样式参数。

绘制墙体常采用多线命令，图 4.10 所示为某建筑平面图的墙体，是使用多线命令来完成的，命令行显示如下：

```
命令: MLINE
指定起点或 [对正(J)/比例(S)/样式(ST)]:   j
输入对正类型 [上(T)/无(Z)/下(B)] <下>:   z
指定起点或 [对正(J)/比例(S)/样式(ST)]:   s
输入多线比例 <120.00>:   240
```

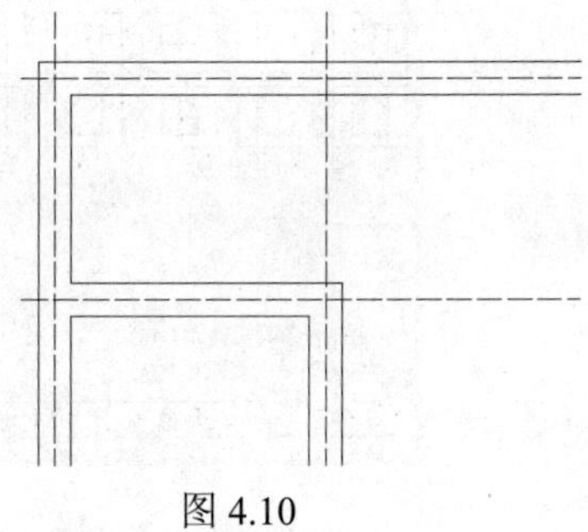

图 4.10

对正类型为 Z，即多线的中心与鼠标的十字光标重合，也就是与图中虚线一致，“比例”为两线之间的宽度，墙体宽为 240。

### 4.1.10 圆弧

圆弧命令用于绘制一段圆弧，系统提供了 11 种创建圆弧的方法：中心，半径画法是工

具按钮的默认方式；三点：起点，圆心，终点；起点，圆心，角度；起点，圆心，弦长； 起点，终点，角度；起点，终点，半径；起点，终点，方向； 圆心，起点，终点； 圆心，起点，角度； 圆心，起点，弦长。

### 4.1.11 圆环

使用圆环命令可以绘制实心圆或圆环。圆环的内径和圆环的外径参数构成圆环，当圆环的内径为 0 时就是实心圆，如图 4.11 所示。

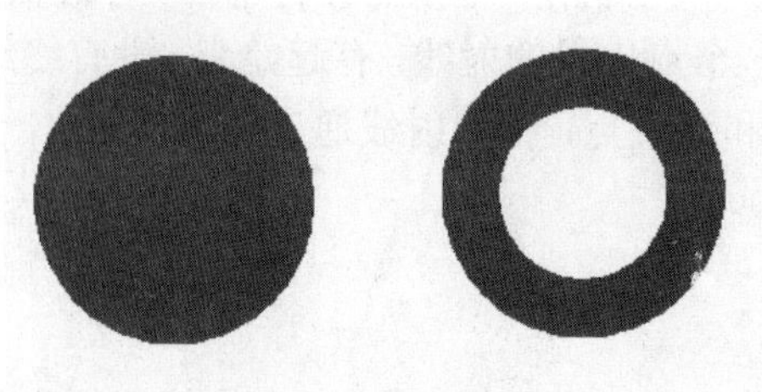

图 4.11

### 4.1.12 点

点在绘图中起到辅助作用，如在需要捕捉的地方可以先画点。点命令包含多点、定距等分和定数等分，调用快捷键为 PO。退出点命令必须按 ESC 键。

在绘制点对象之前要先指定点样式，在功能工具栏中单击“实用工具”→“点样式”选项，弹出“点样式”对话框。如图 4.12 所示是关于点命令的选择、点样式、点类型等相关对话框。

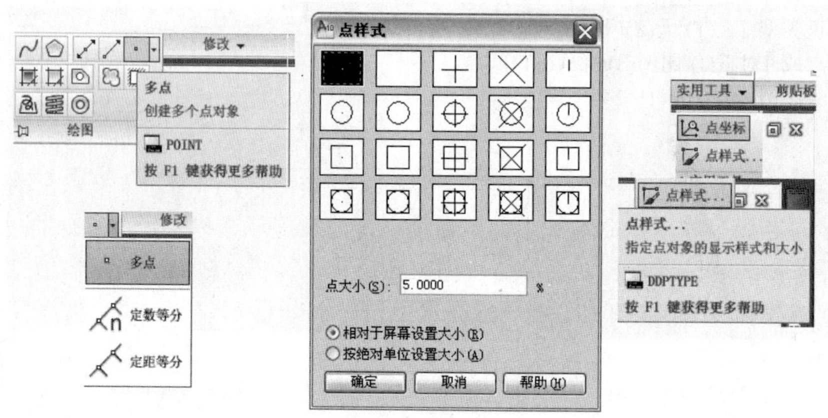


图 4.12

“点样式”对话框里列出了 20 种点样式，黑色显示的点样式为当前点样式。“相对于屏幕设置大小”选项是基于屏幕设置点的大小，“相对于单位设置大小”选项是“按绝对单位设置点的大小”。选择“相对于屏幕设置大小”，“点大小”右边的输入框右侧显示的是一个百分比符号，输入框中的数字由用户输入，例如 5%表示绘制的点大小占绘图区域的百分之五。若选择“按绝对单位设置大小”，则输入框右侧显示的是“单位”，这时

在输入框中输入的数字是绘制点的实际尺寸，例如6Units表示绘制的点的大小为6个绘图单位。在我国，绘图单位采用米制单位，则6个绘图单位就是6mm。

**注意**：在“点样式”对话框中，最上面一行左起的第一个和第二个两种样式是没有形状和大小的，为这两种样式指定点大小没有意义。

（1）创建点。

点命令可以生成点对象，并且可以设定点的样式。执行该命令可以通过绘图下拉列表找到“点”按钮命令，也可在命令行输入命令。

单点：绘制单个点。这个选项相当于在命令行中键入PO命令。

多点：绘制多个点。这个选项相当于单击工具条中的“点”按钮。

（2）定数等分。

定数等分对象，该命令可以用点把线对象（直线、多段线、样条曲线、圆、多边形等）等分为指定的份数。该选项的调用快捷命令为DIV。绘制一条路，沿路种植一定数量的树木。定义一个图块作为平面树形，圆的半径是10。绘制一条样条曲线。

在命令行中输入命令DIV，按提示选择要定数等分的对象，在屏幕上拾取样条曲线，输入线段数目或 [块(B)]: B，输入要插入的块名，选择是否对齐块和对象，输入线段数目: 10，按回车键。最终效果如图4.13所示。

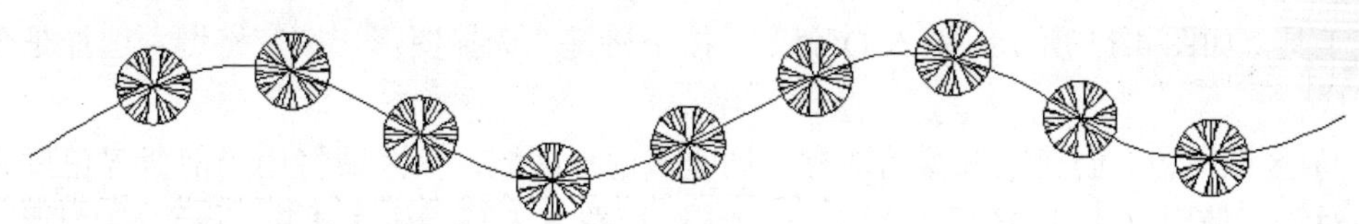

图4.13

（3）定距等分。

定距等分对象，该命令可以用点把线对象（直线、多段线、样条曲线、圆、多边形等）按指定的长度等分。定距等分选项和定数等分选项的区别是，定数等分先指定等分的段数，定距等分则先指定等分的长度，段数会跟着长度变化，而且等分后可能有尾数。定距等分调用的快捷命令是ME。

前两步同定数等分。在命令行中键入命令 ME，按提示选择要定距等分的对象，在屏幕上拾取样条曲线，输入线段长度或 [块(B)]: B，输入要插入的块名，选择是否对齐块和对象，指定线段长度: 30，按回车键。最终效果如图4.14所示。

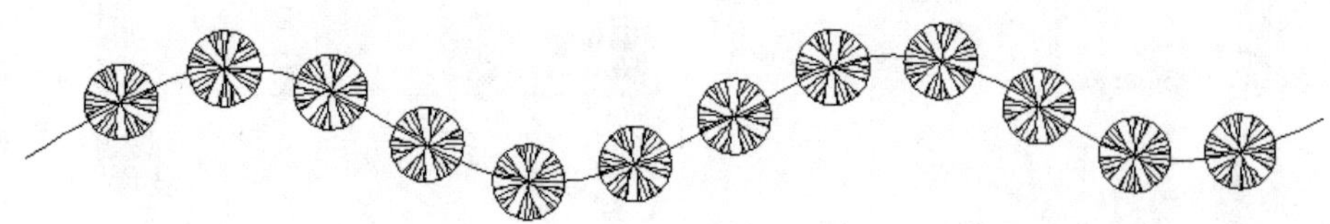

图4.14

定距等分和定数等分这两种方式在园林制图中用于自然式道路的精确种植。

### 4.1.13 构造线的绘制

构造线是一种两端可以无限延长的直线，它没有起点和终点。通常作为用户绘制等分角、等分圆等图形的辅助线。可用来创建构造线和参考线，并可进行修剪。绘制构造线可单击“绘图”下拉按钮，也可在命令行中输入命令。除了能绘制水平（H）、垂直（V）的构造线外，还能设置构造线角度、二等分、偏移等参数，各选项的具体用法如下。

（1）角度（A）。用于创建一条用户指定角度的倾斜构造线，要求用户先指定构造线的角度，再设置必经的点，从而创建与 X 轴成指定角度的构造线。

（2）二等分（B）。要求用户先指定一个角的顶点，再分别确定此角两条边的两个点，从而创建一条构造线。该构造线通过用户指定的角的顶点，并平分该角。这个角并不一定是实际存在的，可以是想象中的一个角。

（3）偏移（O）。创建平行于另一个实体的构造线，类似于偏移编辑命令。用户选择的另一个实体可以是一条构造线、直线或复合线实体作为基线，指明构造线位于基线的哪一侧，并指定偏移距离。

### 4.1.14 修订云线与区域覆盖

（1）修订云线。使用多段线创建云线，也可以将图形修订成云线，使用方法是，选修订云线工具，如图 4.15 所示。键入 O 命令，按空格键，选择图形，按空格键，选择是否反向，完成。

（2）区域覆盖。创建区域覆盖对象，创建多边形区域，该区域将用当前背景色屏蔽其下面的对象。使用方法是，先画一个图形，选区域覆盖工具，如图 4.15 所示。在图形之上绘制图形就会将先画的图形覆盖掉，但在其后画的图形不能被它覆盖。

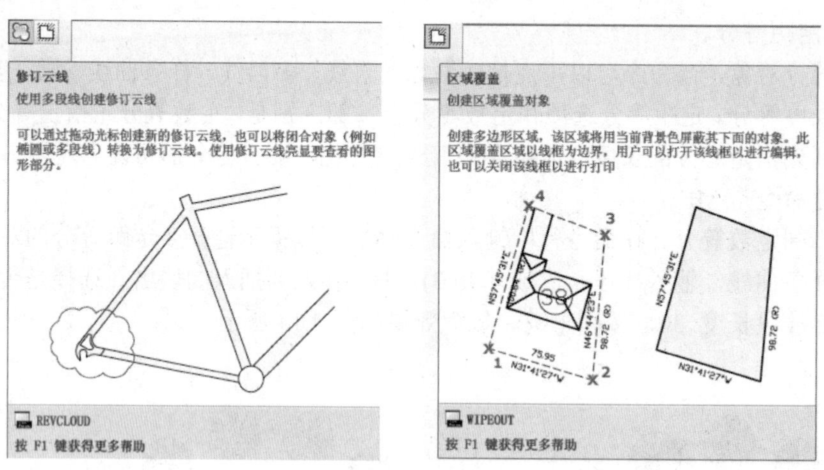


图 4.15

### 4.1.15 徒手画线

徒手画线由许多线段构成，是由单独的直线对象或者多段线连接而成的线，徒手绘图前需要设置线段的增量，线段的增量决定了线条的效果，增量越小，线越流畅，增量越大，线越会呈现出多段线的效果，增量过小会增加电脑的运算量，占用大量资源。设置合适的增量很重要。

徒手绘制工具主要针对复杂的非规则的几何形状对象，在园林设计图纸中经常用徒手绘制工具绘制树木、雕塑和一些特殊造型的物体。

启动徒手绘制工具的方法是，在命令行中输入 SKERCH 命令，再根据提示进行相应的参数设置，以下为园林树木徒手绘制命令行中显示的信息：

命令: SKETCH
指定草图或 [类型(T)/增量(I)/公差(L)]: t
输入草图类型 [直线(L)/多段线(P)/样条曲线(S)] <多段线>: p
指定草图或 [类型(T)/增量(I)/公差(L)]: i
指定草图增量 <0.1000>: 0.1
指定草图:

最终效果如图 4.16 所示。

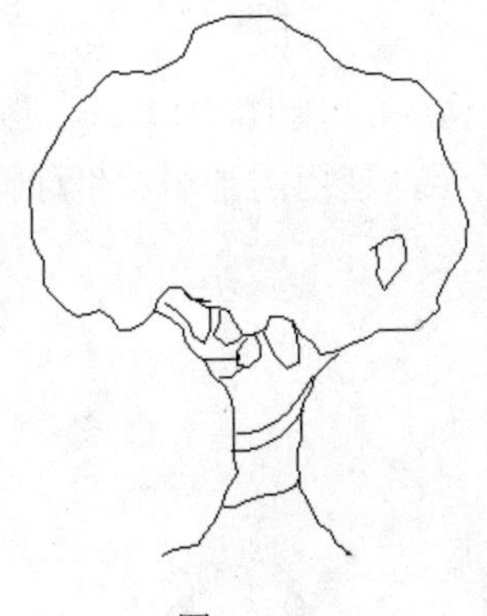

图 4.16

在命令行选项中“类型”中有“直线(L)/多段线(P)/样条曲线(S)”选项，也就是徒手绘制的线条可以是由短的直线连接而成的线，也可以是多段线或者样条曲线。

各种线有不同的调节方式。一般情况不会用直线，直线绘制好后，调节就很难了，样条曲线调整起来会容易些。

徒手线绘制好后需要删除不要的线，可用“擦除”命令（erase）或按键盘上的删除键。

### 4.1.16 创建实体填充区域

在命令行中键入 SOLID 命令，可以绘制用纯色填充的矩形、三角形或四边形区域。激活 SOLID 命令后，AutoCAD 提示指定第一个点、第二个点、第三个点和第四个点，如果继续输入点，则来回交替的从第三点到第四点再到第三点，依次类推。可以按三角形的方式指定各点。在第一点和第二点间建立直边，此后，对角地输入点，使对象的角点形成对角分布。按这种方式继续指定点以形成复杂的实填充对象。

绘制一个边界，用实填图案填充封闭区域，将实填充用于简单形状，如建筑平面图中的三角形和矩形，可使图形文件减小。创建实体填充所需要的步骤比先轮廓后填充要少。

如图 4.17 所示为应用 SOLID 命令得到的图形，使用的是绝对坐标输入方式，命令行显示如下：

命令: SO
SOLID 指定第一点: 0,40
指定第二点: 0,0
指定第三点: 40,40
指定第四点或 <退出>: 40,0

（a）

（b）

图 4.17

要注意几个点的顺序，图 4.17（b）为图 4.17（a）图的各点顺序图，如果顺序不对，得到的结果也不对，如图 4.18 所示，使用的是相对坐标输入方式，命令行显示如下：

命令: SO
SOLID 指定第一点:
指定第二点: @40,-40
指定第三点: @-40,0
指定第四点或 <退出>: @40,40

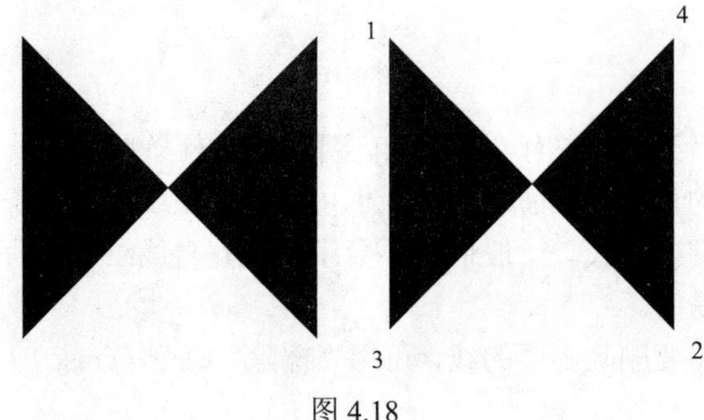


图 4.18

### 4.1.17 创建边界

边界工具是通过一个闭合的区域产生一个完整的面域，这个边界需要闭合，边界可以由不同的对象组成，圆、椭圆、圆弧、椭圆弧、多段线、样条曲线、矩形、多边形，都可以组成一个闭合的区域，这个区域可以使用边界工具进行转换，使其成为一个独立的图形并对其进行编辑。

**注意**：边界一定是闭合的区域，只有闭合的区域才能产生完整的轮廓线，才能形成一个完整的图形，不然无法形成完整的边界。图 4.19（a）所示为无效边界，图 4.19（b）所示为有效边界。

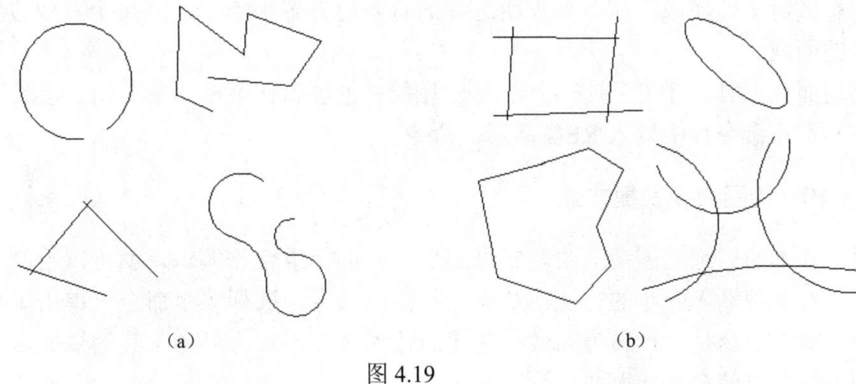

（a）　　　　（b）

图 4.19

单击“绘图”→“边界”命令，打开“边界创建”对话框，“对象类型”是选择生成后的图形是多边形还是面域，如图 4.20 所示。

拾取点工具可选择边界创建的封闭区域，图 4.21（a）所示为已经创建好的边界，图 4.21（a）是原始的几个直线形成的图形，图 4.21（b）为生成的边界。

图 4.20

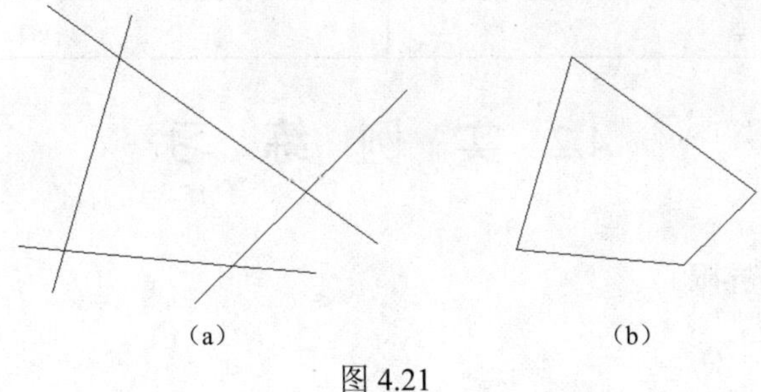

（a）　　　　（b）

图 4.21

### 4.1.18　创建面域

面域是根据成为环的封闭形状创建的二维封闭区域。环由一系列相连的圆弧、圆、椭圆、椭圆弧、直线、多段线、实心填充、样条曲线、迹线和三维面组成，它们在单个面上形成区域，或与相邻对象共享端点的一系列对象组成一个封闭区域。

使用 REGION 命令创建面域，REGION 命令根据所选的一组现有对象创建面域对象。命令将提示选择要转换为面域的对象。完成选择对象操作后，按回车键。AutoCAD 立即将所有的有效对象转换成面域。如果所选择的有效边界多于一个，则每个有效边界都将转换为单独的面域。

启动面域工具，可在工具栏上单击图标，也可以在菜单当中单击“绘图”→“面域”命令，还可在命令行中输入 REG 激活该命令。

### 4.1.19 绘图命令快捷方式

通过基本的二维绘图命令绘制二维图形，并进行组合、编辑，就可以绘制出复杂的二维图形。有 3 种输入命令的方法：从命令行输入命令、选择菜单命令、单击工具条按钮。从命令行输入命令是一种最为高效和便捷的输入命令方式。绘图工具的快捷命令及视图显示控制工具的快捷命令如表 4.1 所示。

表 4.1 绘图命令快捷方式

| 命令 | 快捷方式 |
|---|---|
| 直线 | L |
| 射线 | RAY |
| 多线 | ML |
| 多段线 | PL |
| 正多边形 | POL |
| 矩形 | REC |
| 圆弧线 | A |
| 圆 | C |
| 圆环 | DO |
| 样条曲线 | SPL |
| 椭圆 | EL |
| 点 | PO |

## 4.2 实例练习

### 4.2.1 设置图形界限

命令: L LINE
指定第一个点: 0,0
指定下一点或 [放弃(U)]: 11000,0
指定下一点或 [放弃(U)]:
命令: Z ZOOM
[全部(A)/中心(C)/动态(D)/范围(E)/上一个(P)/比例(S)/窗口(W)/对象(O)] <实时>: a

画一条与绘制图宽度相当的直线，然后将直线全屏显示在屏幕当中，目的就是将屏幕完全展开以方便制图，也可以单击“格式”→“图形界限”命令将屏幕范围完全展示出来，如图 4.22 所示。

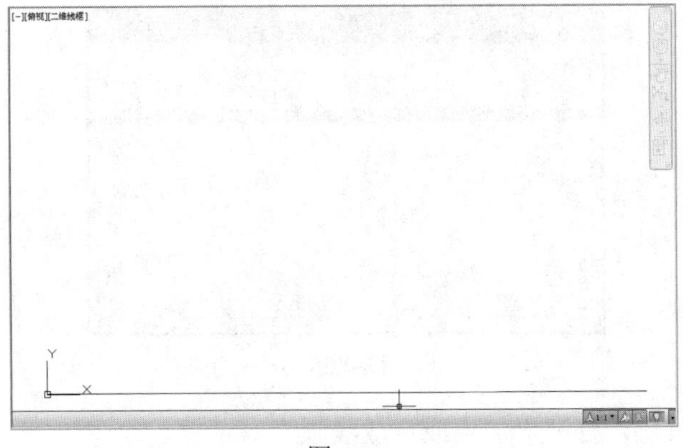


图 4.22

### 4.2.2　新建图层

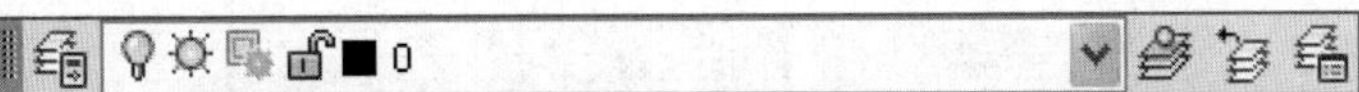


在图层管理栏中单击图标，打开“图层特性管理器”对话框，如图 4.23 所示。

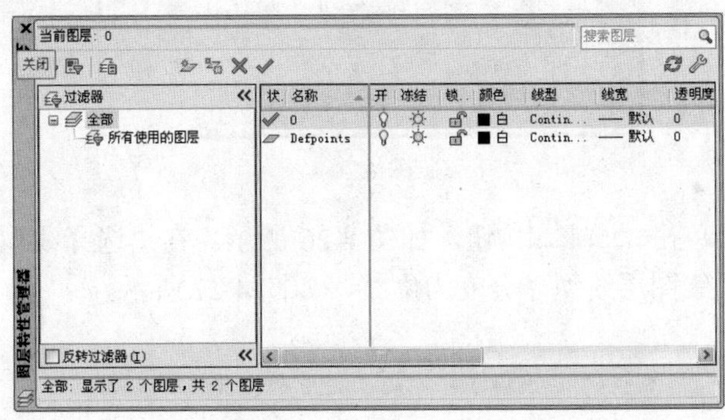


图 4.23

任意选择一图层，按回车键，可得到一新的图层，新建 4 个图层，将新图层分别命名为“轴线”、“墙体”、“标注”和“家具”，并将不同的图层设置成不同的颜色，如图 4.24 所示。

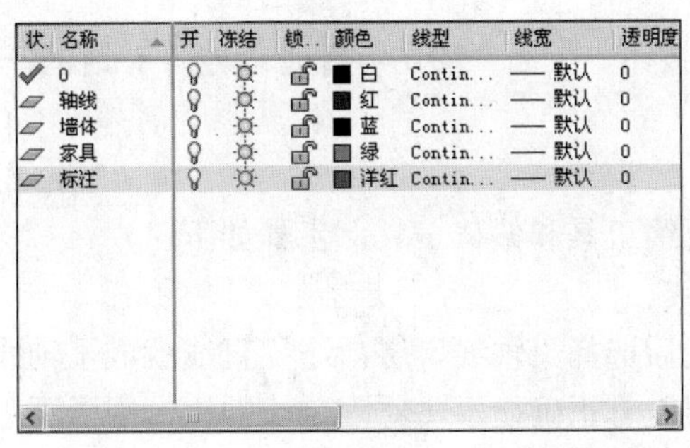


图 4.24

设置轴线层的线型为虚线，单击图层总的线型按钮 Contin...，打开“选择线型”对话框如图 4.25 所示。

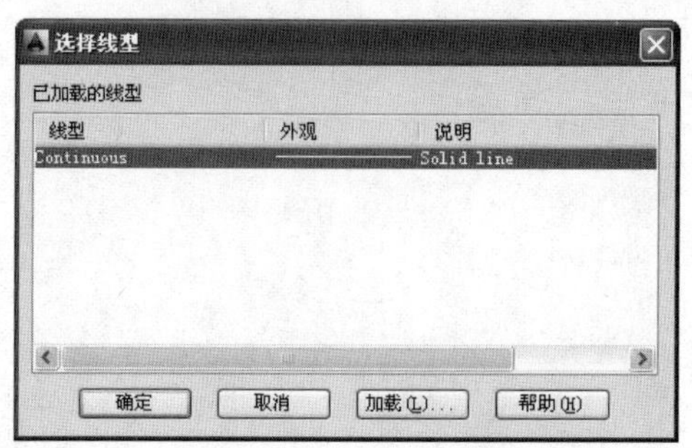


图 4.25

单击加载(L)...按钮，打开“加载或重载线型”对话框。

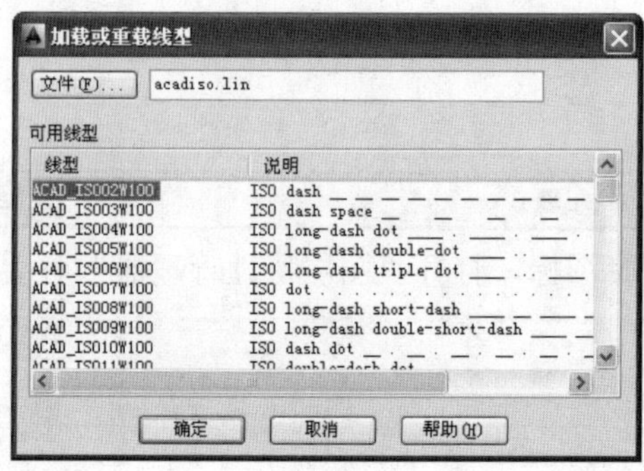


图 4.26

选择虚线线型后单击确定按钮，如图 4.26 所示。在“选择线型”对话框中单击刚加载的虚线，这样轴线图层线型才会变为虚线，如图 4.27 所示。

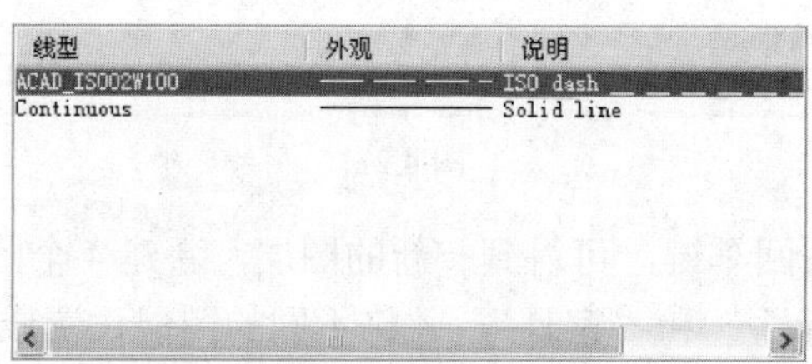


图 4.27

完成后单击确定按钮，关闭“图层特性管理器”对话框。

### 4.2.3　绘制中轴线

绘制轴线主要使用直线工具和偏移工具，步骤如下：

（1）绘制横线与竖线。

选择画好的水平直线后选择“轴线”层，这样直线就成了轴线，轴线是虚线，已经设置轴线的线型为虚线，但没有正确显示，原因是线的比例因子不正确，需要尝试将比例因子扩大或者缩小，在命令行中输入 LTS 命令，进入比例因子设定程序，输入比例因子的数值 15，轴线与虚线显示。再用直线工具绘制一条垂直的轴线，确保在绘制垂直线时图层选项中选择的是“轴线”层，这样绘制出来的垂直轴线为虚线，如图 4.28 所示。

图 4.28

（2）偏移轴线。

单击偏移按钮，或者在命令行中输入 OF 命令，进入偏移命令，横向向右依次按 2000、3500、4000、1200 偏移竖线，竖向向上依次按 2000、1600 偏移横线。绘制完后如图 4.29 所示。

**注意**：此处使用偏移时按两次 Enter 键可进入数值的输入，两次空格键分别代表退出偏移和进入偏移。

图 4.29

### 4.2.4 绘制墙体线和门

墙体线绘制采用多线工具，在“绘图”菜单中找到 多线(U) 按钮，进入多线绘制，也可在命令行中输入 ML 命令，进入多线绘制，多线命令被激活后，有“对正”、“比例”和“样式”选项，选择“对正”后输入 Z，选择“比例”输入 240。在绘制线之前需要确保图层选择的是“墙体”层。命令行显示如下：

命令: ML

MLINE

指定起点或 [对正(J)/比例(S)/样式(ST)]: J
输入对正类型 [上(T)/无(Z)/下(B)] <上>: Z
指定起点或 [对正(J)/比例(S)/样式(ST)]: S
输入多线比例 <20.00>: 240

完成图层的选择和线的设置后进入多线的绘制，依据轴线绘制出墙体线，如图 4.30 所示。

绘制完墙体线后，设置多线，绘制阳台部分的薄墙线，如图 4.31 所示。命令如下：

命令: ML
MLINE
指定起点或 [对正(J)/比例(S)/样式(ST)]: j
输入对正类型 [上(T)/无(Z)/下(B)] <无>: b
指定起点或 [对正(J)/比例(S)/样式(ST)]: s
输入多线比例 <240.00>: 120

**注意：薄墙体线从左上角开始绘制。**

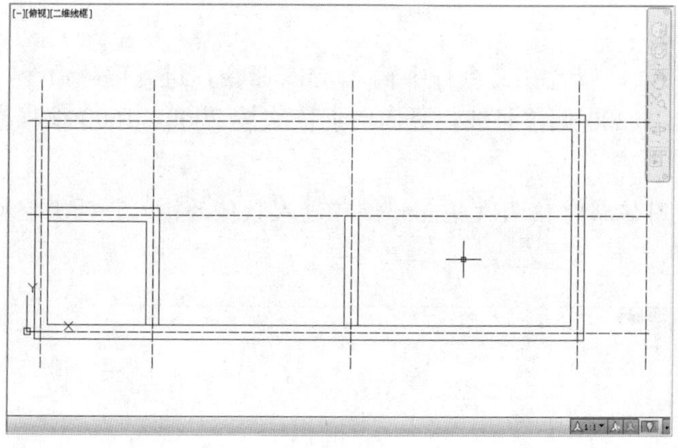

图 4.30

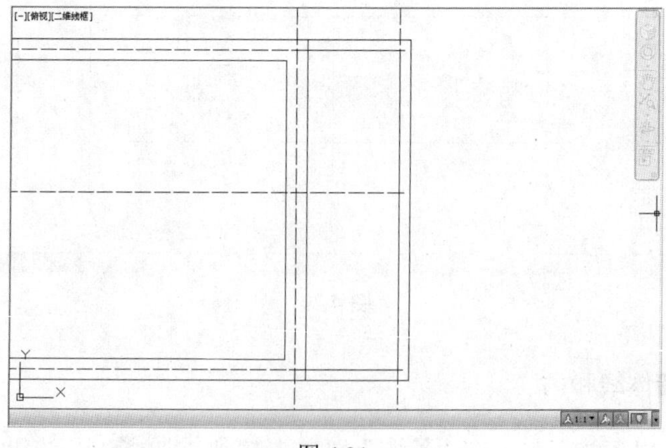

图 4.31

接下来绘制阳台的柱子，先用相对坐标输入法在绘图区内绘制一个 400×400 的方形，然后通过对象捕捉和对象追踪功能找到方形的中心，以中心为移动的基点移动方形，使其与轴线交点重合，得到正确的位置，再用复制命令复制方形并移动到另一角，同样以方形的中心为移动基点，如图 4.32 所示。

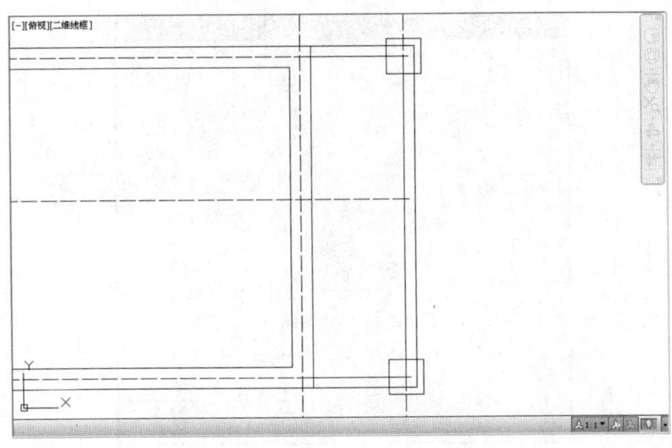

图 4.32

对墙线进行编辑使用“多线编辑器”和“修剪”命令，单击“修改”→“对象”→“多线”找到“多线编辑器”命令，单击“修改”工具栏中的 -/-- 按钮，再单击“修改”→“修剪”命令，激活“修剪”命令，多线编辑器中有不同的多线模式，可根据需要进行选择。用多线工具编辑不了的线可使用修剪工具，AutoCAD 2014 可直接对多线进行修剪，如图 4.33 所示。

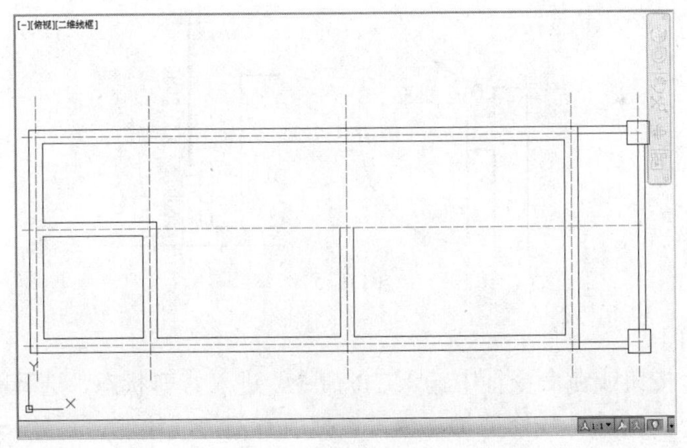

图 4.33

**注意**：在“多线编辑工具”中选择了相应的模式后需要单击两条垂直双线的各一条边，才会有正确的结果，并且有先后顺序。T 形是先单击 T 的竖双线中的一边，再单击 T 的横双线中的一边，才可得到正确的结果，“多线编辑工具”对话框如图 4.34 所示。

修剪工具有两种使用方法，一是选择“修剪”工具后按空格键，这样所有的线都参与修剪，另一种操作是单击“修剪”按钮，选择一条修剪线，按空格键确定后进行修剪，这样只有与刚单击修剪线相交的线才参与修剪。修剪时可将轴线层锁定，这样在修剪时不会把轴线也修剪掉。

在墙体上修剪出门的位置并绘制门的图形，利用修剪工具、绘制圆弧工具和直线工具。步骤如下：

（1）绘制门的位置。

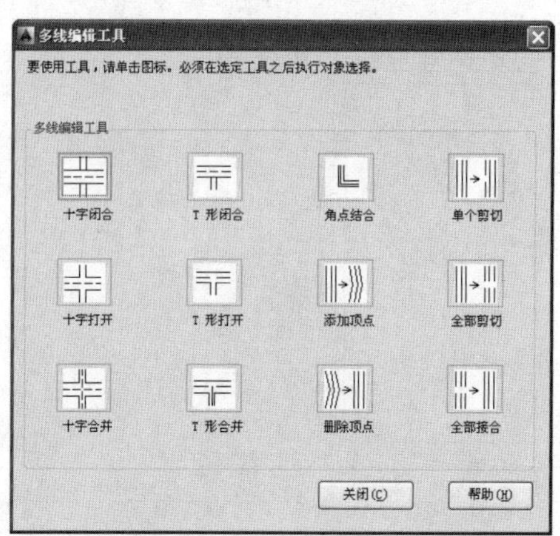


图 4.34

用直线工具绘制墙体中门的边线，有三个门，尺寸分别是 900、800 和 2000，门离墙脚的距离是 200，阳台中 2000 宽推拉门离墙脚的距离是 680，依据离墙脚的距离可用最终定位的方式画出准确的门边线。门尺寸如图 4.35 所示。

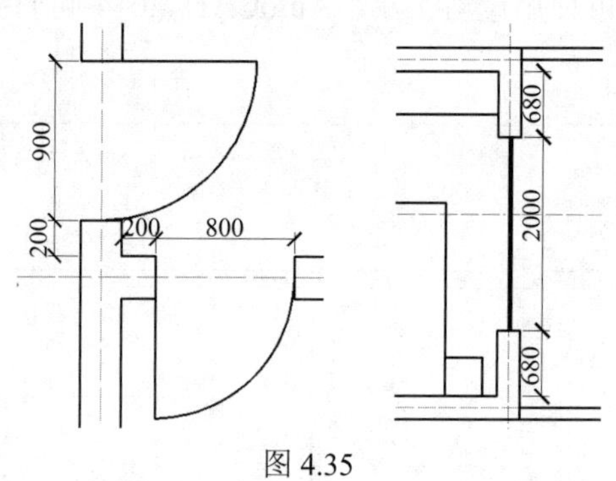


图 4.35

（2）修剪出门。

单击“修剪”按钮或在命令行中输入 TR 命令，进入修剪状态，选择刚绘制的门边线，按空格键，再将不要的墙体线修剪掉，也可以把所有门边线绘制好后统一进行修剪。

（3）绘制门图形。

用直线工具绘制门后，单击“绘图”→“圆弧”→“起点圆心端点”命令绘制圆弧，我们这里选择“起点端点圆心”的绘制方法，注意起点和端点默认是逆时针方向。阳台的推拉门使用矩形工具绘制，先绘制其中一个矩形，将起点定在轴线与门框边的交点上，然后输入“@–130，–1000”，得到第一个矩形， 利用复制工具将刚绘制的矩形复制出一个，注意基点选择在矩形的左上角，这样复制出来的矩形可放置在正确的位置，如图 4.36 所示。

**注意**：门在墙体边线的定位需要借助追踪定位功能，方法是，激活直线命令，在需要绘制的墙体某个交点停留片刻，此时会以这个交点为基点出现一条延伸的虚线，在这种情况下只需输入数值，定一个新的基点作为直线的起点，这个值是从交点开始往十字光标的方向延伸的值，如图 4.37 所示。

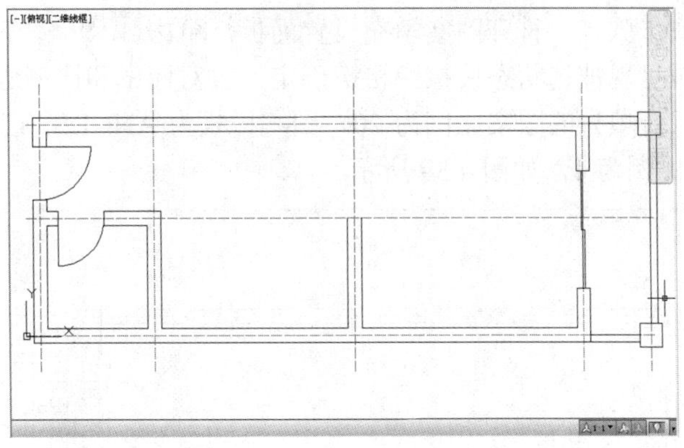


图 4.36

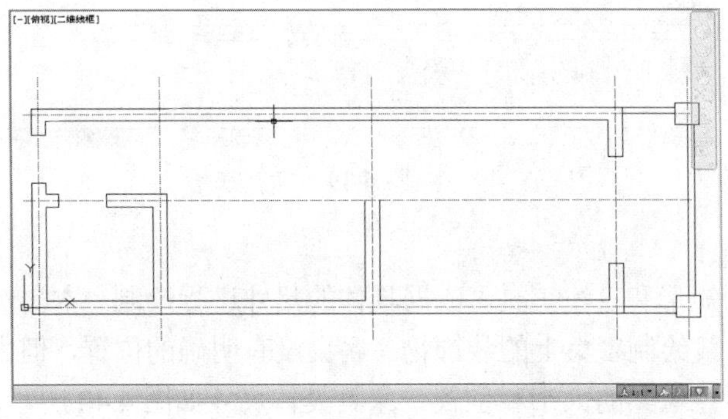


图 4.37

### 4.2.5 家具和铺装绘制

（1）铺装填充。

铺装使用“填充”工具，填充命令的激活可以单击绘图工具栏中的按钮或者在命令行中输入命令 H。图案填充要注意选择图案的样式和比例，有时图案填充后仍是空白，是因为比例不对所致。“图案填充和渐变色”对话框如图 4.38 所示。

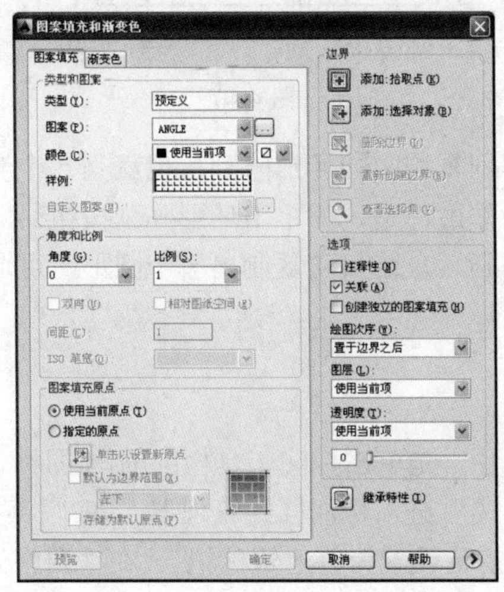


图 4.38

填充图案的操作步骤是，打开图案填充设置面板，单击添加:拾取点(K)按钮，再单击需要填充的区域，当区域呈现被选状态后按空格键确定，再对图案和比例进行选择和设置。

本图实例中，阳台填充的图案比例为 20，图案样式为 ANGLE，卫生间的铺装图案样式是 AR-HBONE，比例为 1，如图 4.39 所示。

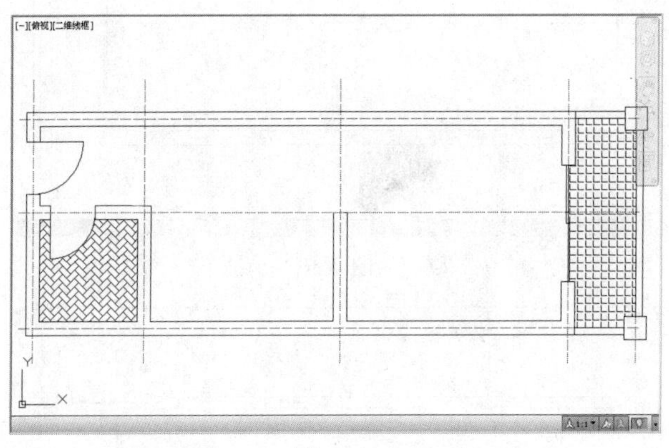

图 4.39

（2）家具绘制。

绘制家具主要用矩形和直线工具，依据具体的尺寸进行绘制。本实例中用圆工具绘制餐桌和餐凳，用样条曲线绘制餐桌上的装饰物。餐桌没有明确的位置，但大小有要求。以简单的横线与竖线组合示意家具的大小和位置。家具具体尺寸如图 4.40 所示。

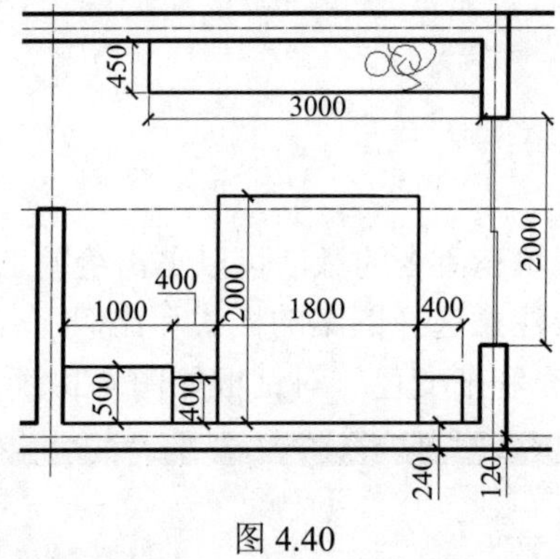


图 4.40

绘制圆形餐桌使用了阵列复制中的环形阵列，也就是 5 个凳子只需要绘制出一个，另外几个用阵列复制完成，操作过程是，先单击环形阵列按钮，再选择需要阵列的凳子，通过对象捕捉选择圆桌的中心，系统自动复制出多个圆形，可通过箭头调节圆的多少，如图 4.41 所示。

### 4.2.6 标注

本实例使用的是连续标注，先单击标注工具栏中的图标，进入标注样式管理器，或者单击“格式”→“标注样式”进入标注样式管理器。在“标注样式管理器”对话框中单击“修改”按钮，将标注的箭头设置为“建筑标记”。在“调整”选项卡中，设置“使用全局比例”为 40。这样标注的大小与绘制的图形才能匹配，如图 4.42 所示。

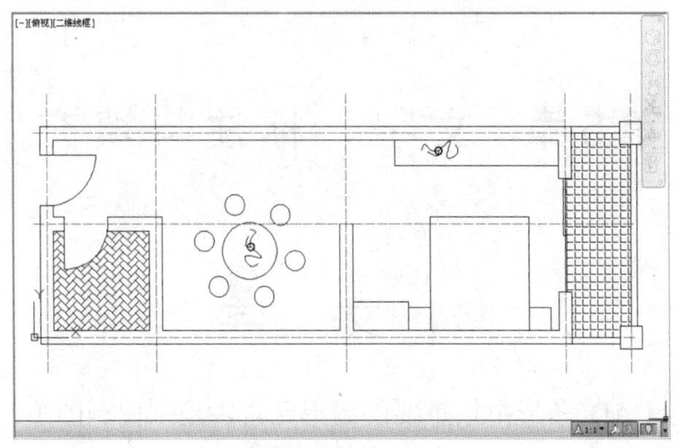

图 4.41

**注意**：此处不得单独调整标注中某个部分的大小，比如文字或箭头的大小，单独调整标注会改变各部分的大小比例，使整体不协调，如果标注太大或者太小，调整全局比例就可达到最好的视觉效果，全局比例是对标注各部件的整体调整，不是变化某一部分。

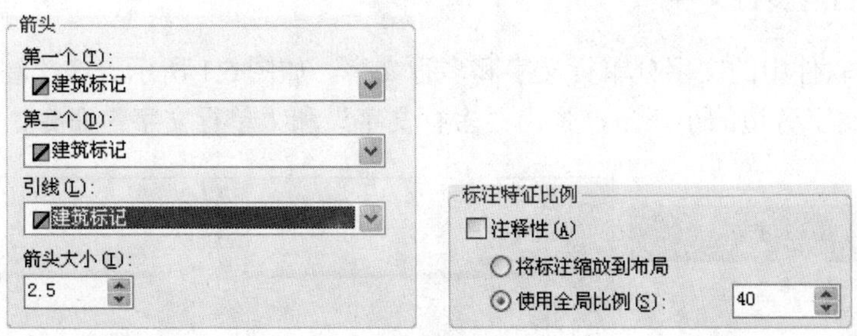


图 4.42

在标注之前，先在“图层”选项中选择“标注”层，本实例连续标注的使用步骤是，先用线性标注对最边上的一处进行标注，再按连续标注按钮，对同方向的轴线依次单击，会自动生成标注并与之前的标注对齐，如图 4.43 所示。

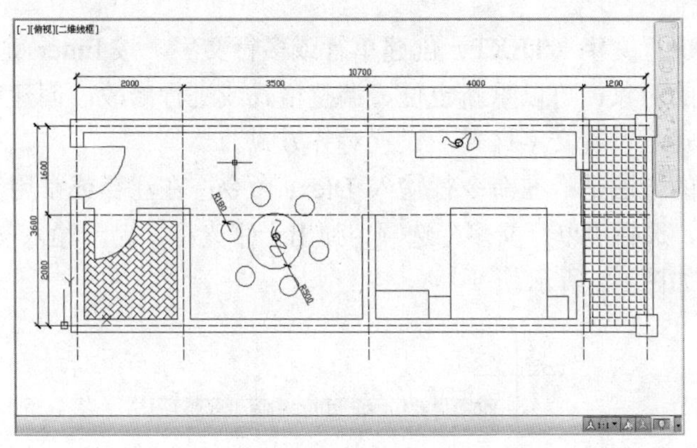


图 4.43

# 第5章 文字、标注与填充

## 5.1 文　字

文字对象是 AutoCAD 图形中很重要的图形元素，是工程制图不可缺少的组成部分。在一个完整的图样中，通常包含一些文字注释，标注图样中的一些非图形信息。例如，工程制图中的材料说明、施工要求、标注说明等。另外，在 AutoCAD 中还可以使用表格功能创建不同类型的表格，还可以在其他软件中复制表格，以简化制图操作。文字对象的应用，提高了图纸的可读性。

### 5.1.1 单行与多行文字

AutoCAD 软件中的文字分单行文字和多行文字。如图 5.1 所示。在“注释”菜单下，光标指向多行文字旁边的小三角，弹出“多行文字”和“单行文字”命令。

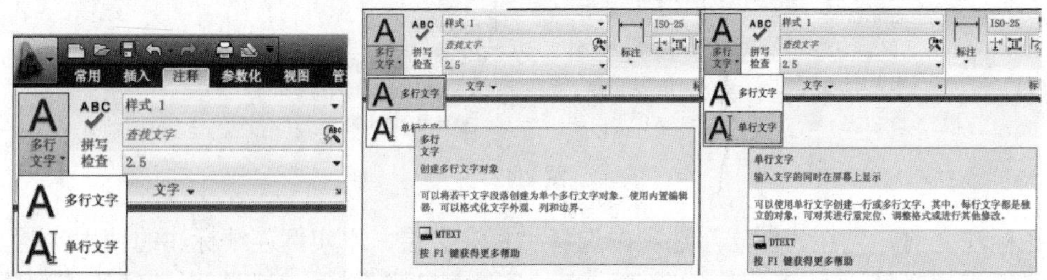


图 5.1

（1）单行文字。

用户可以使用单行文字（TEXT）创建单行或多行文字，按 Enter 键结束每行的操作。每行文字都是独立的对象，可以重新定位、调整格式或进行修改。创建单行文字时，要在命令行指定文字样式，设置文字样式，设置对齐方式。

创建单行文字的方法是：在命令行输入 Dtext 命令；在注释或常用菜单下，单击多行文字旁边的小三角，选择“单行文字”选项，弹出十字光标，提示输入文字的起点、高度、角度等相关参数，如图 5.2 所示。

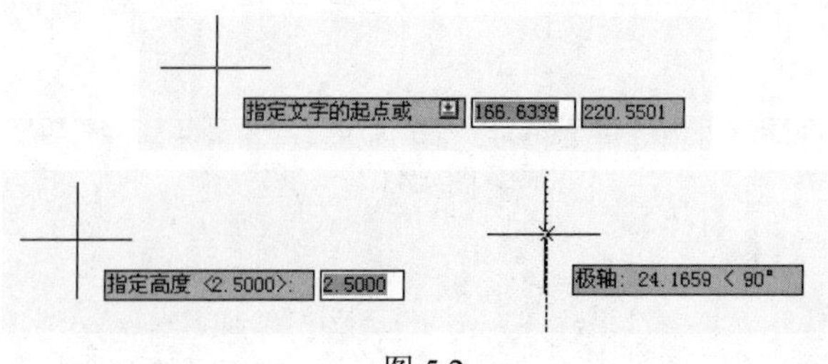


图 5.2

（2）多行文字。

多行文字又称段落文字，是一种易于管理的文字对象，可以由两行以上的文字组成，各行文字作为一个整体进行处理。在工程制图中，常使用多行文字功能创建较为复杂的图样技术要求和说明。

创建多行文字的方法是：在命令行输入 Mtext 命令；在“注释”或常用菜单下，单击多行文字旁边的小三角，选择“多行文字”选项，弹出十字光标，并提示指定对角点参数。指定对角点参数后，弹出多行文字输入框，此时工具栏显示的是文字的相关信息，可以调整各种参数，如图 5.3 所示。

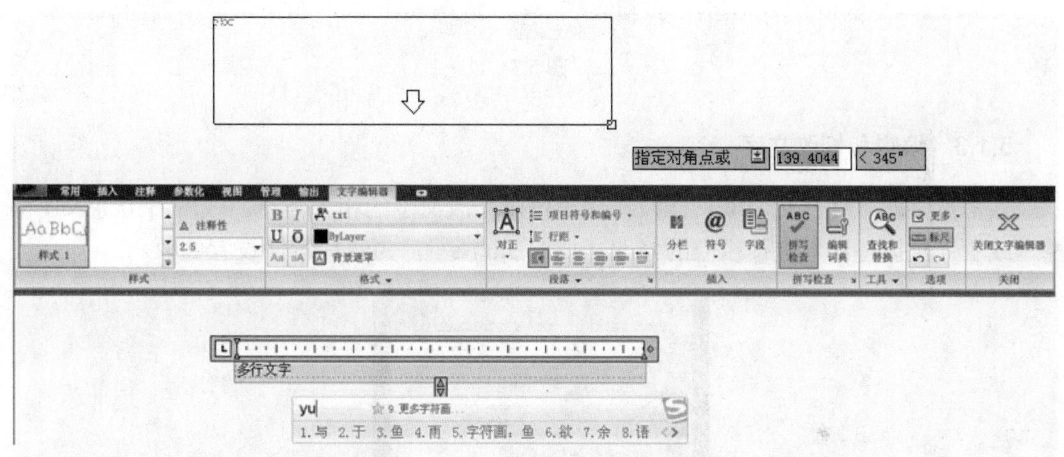


图 5.3

## 5.1.2 创建文字样式

AutoCAD 图形中的所有文字都有与之相关联的文字样式，如在文字注释和尺寸标注中，文字样式都有各自的规格，设置文字样式便成了一项重要任务。AutoCAD 系统默认的标准字体是 txt.shx，这种字体不支持输入汉字，要输入汉字或其他字体，必须先更换字体，打开“文字样式”设置对话框，如图 5.4 所示。

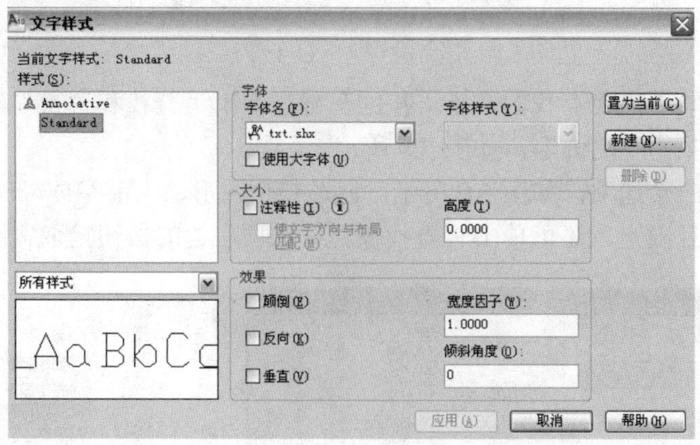


图 5.4

在“文字样式”对话框里可以选择所需的字体，同时也可以设置字体的方位、方向、宽度因子等参数。创建新文字样式，可单击“文字样式”对话框中的“新建”按钮，打开“新建文字样式”对话框，在“样式名”文本框中输入文字样式的名称，然后单击“确定”按钮，返回“文字样式对话框”，在“文字样式”对话框内设置字体名称、高度等参数，如图 5.5 所示。

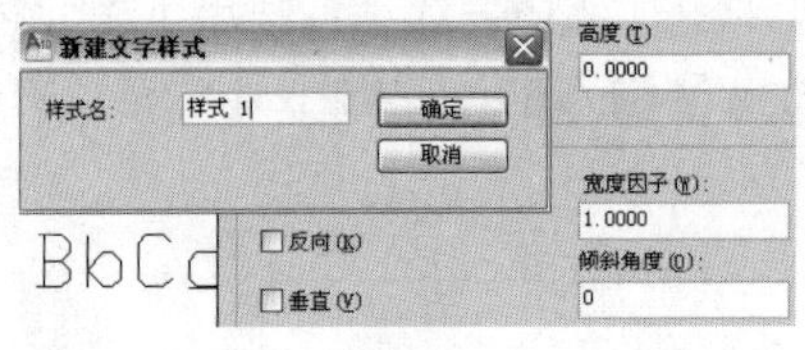


图 5.5

### 5.1.3 编辑和修改文字

双击文字即可打开文字编辑器，在这里可以修改文字的相关信息。或者右击进入“特性”或者“快捷特性”进行相应的修改，如图 5.6 所示，为快捷特性设置面板。

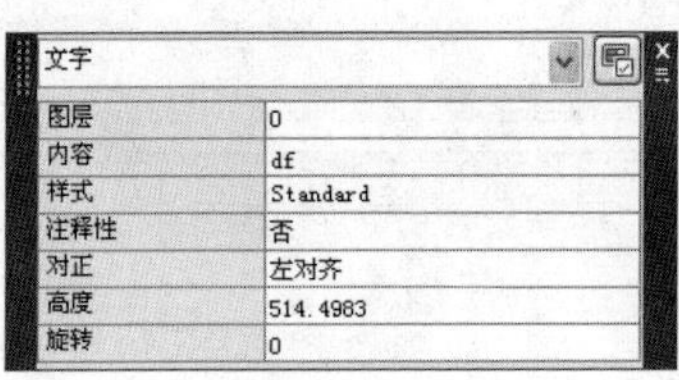


图 5.6

### 5.1.4 查找和替换任何类型的文字

查找和替换文字在文字处理软件中经常用到，可批处理修改文字内容。图 5.7 所示，为文字查找工具栏，打开文字搜索工具，可单击标准工具栏中的“查找和替换”按钮，也可单击菜单中的“编辑”→“查找”命令打开，或者在命令行中输入命令 FIND，激活该命令。

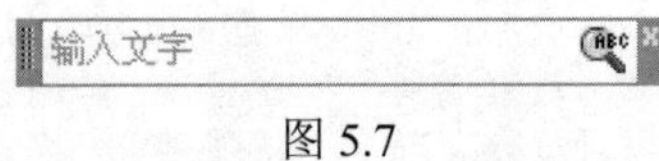


图 5.7

在工具栏中输入需要查找的文字，按回车键，弹出“查找和替换”对话框，输入“查找内容”和“替换为”的内容，如图 5.8 所示。

查找位置有三个选项，如图 5.9 所示，通过整个图形、当前空间/布局、选定的对象三个选项对范围进行限定，还可单击“查找位置”选项右边的按钮拾取需要查找的对象。

图 5.8

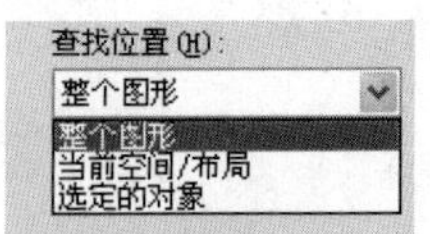


图 5.9

### 5.1.5　拼写检查和使用快捷工具

（1）拼写检查。

图形中插入文字对象后，就可以使用 AutoCAD 的“拼写检查”工具，查找图形中和块中的文字拼写。

单击“工具”→“拼写检查”命令或在命令行输入命令 SP，也就是 SPELL 对命令启动“拼写检查”工具。

在启动拼写检查工具时，AutoCAD 将提示选择对象，选择完对象后，按 Enter 键，AutoCAD 将把选定的文字对象中的单词与主词典和自定义词典中的单词进行比较，如果应用程序找到了拼写不正确的单词，则弹出“拼写检查”对话框，如图 5.10 所示。

在“拼写检查”对话框中提供了“要进行检查的位置”和“主词典”选项，并提供评选检查设置，单击“设置”按钮，弹出“拼写检查设置”对话框，如图 5.11 所示。

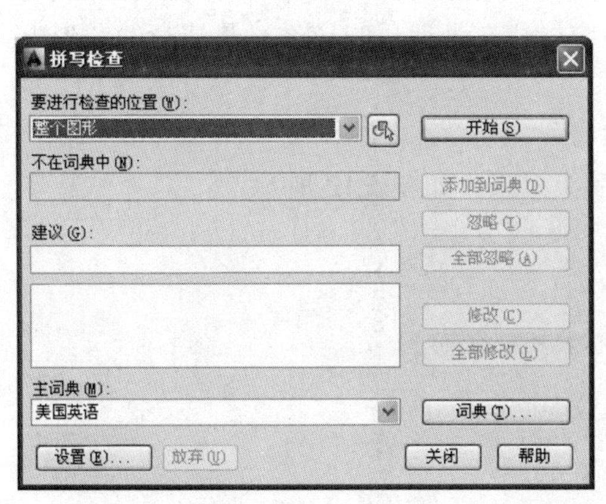


图 5.10

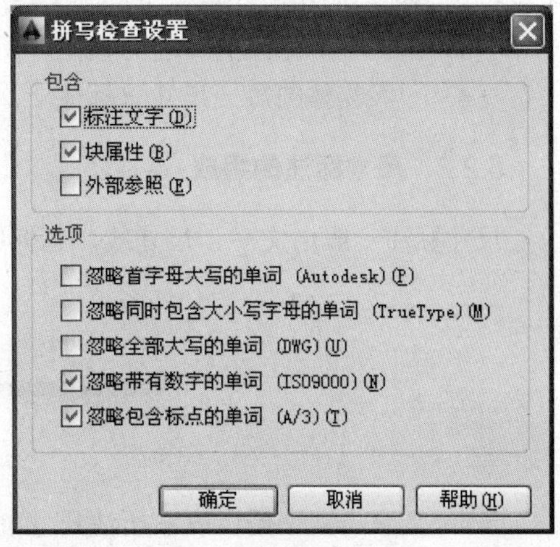


图 5.11

（2）选择词典。

在安装 AutoCAD 时，安装程序将安装一个主词典文件。安装的词典可能是美式英语词典。AutoCAD 提供的主词典包含了上千条常用词语，但是 AutoCAD 图形中经常包含一些没有包括在主词典中的词语，如缩写、专业词汇或地名等。当拼写检查器标识了一个没有包含在主词典中的词语时，可以单击“添加”按钮，将这个词语添加到自定义的词典中，在 AutoCAD 目录下，这个文件是一个简单的 ASCII 码文本文件，包含了添加的附加词语，每一个词语都占一行。尽管不能修改主词典，但是可以非常方便地编辑自定义词典。此外，可以通过“修改词典”按钮或使用“选项”对话框，选择一个不同的自定义词典。

（3）快捷工具。

快捷工具中包括了一组可以提高图形文字处理能力的工具集，这些工具可以修改文字外观、应用特殊效果、编辑或修改已存在于图形中的文字。如 RTEXT 命令用于远程文字，TXTFIT 命令用于文字调整，TEXTMASK 命令用于文字屏蔽，TXTEXP 命令用于分解文字，TXT2MTXT 命令用于转换文字为多行文字，ARCTEXT 命令用于圆弧对齐文字。

# 5.2 标　注

尺寸标注是绘图设计工作中的一项重要内容，绘制图形的根本目的是反映对象的大小和形状，图形中各个对象的大小和位置只有经过尺寸标注后才能确定。AutoCAD 包含了一套完整的尺寸标注命令和实用程序，可以轻松完成图形的尺寸标注。

## 5.2.1 尺寸标注的规则

在 AutoCAD 中，对绘制的图形进行尺寸标注应遵循以下规则。

（1）物体的真实大小应以图样上所标注的尺寸数值为依据，与图形的大小及绘图的准确度无关。

（2）图样中的尺寸以毫米为单位时，不需要标注计量单位的代号或名称。如采用其他单位，则必须注明相应计量单位的代号或名称，如度、厘米及米等。

（3）图样中所标注的尺寸为该图样所表示的物体的最后完工尺寸，否则应另加说明。

（4）一般物体的每一尺寸只标注一次，并应标注在最后反映该结构最清晰的图形上。

## 5.2.2 尺寸标注的组成

尺寸标注一般由文字、尺寸线、延伸线和箭头组成。如图 5.12 所示。

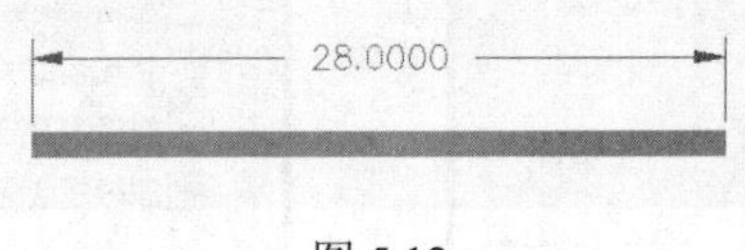


图 5.12

（1）文字。文字用以表示所注尺寸的实际大小。

（2）尺寸线。尺寸线用来表示所注尺寸的度量方向。

（3）延伸线。延伸线用来表示所标注尺寸的范围。

（4）箭头。箭头根据不同专业领域，标注线两端箭头的显示状态也不同。

## 5.2.3 尺寸标注工具

AutoCAD 提供了 10 余种标注工具，用来标注图形对象，标注工具栏如图 5.13 所示。

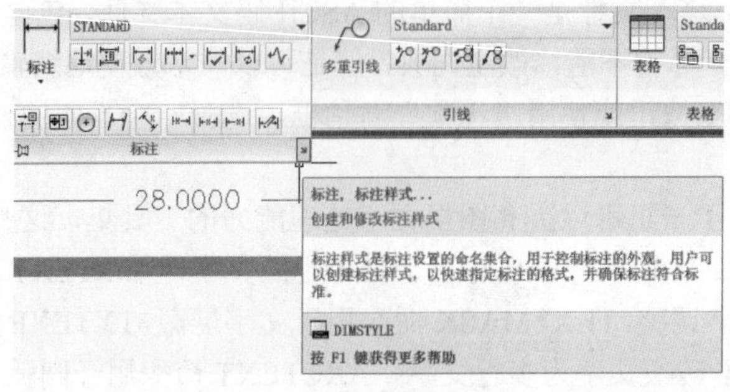


图 5.13

### 5.2.4 创建尺寸标注样式

AutoCAD 绘图系统提供了一系列的尺寸标注样式，用户可以通过“标注样式管理器”对话框，完成各种标注样式的新建、修改、替代和比较等，如图 5.14 所示。

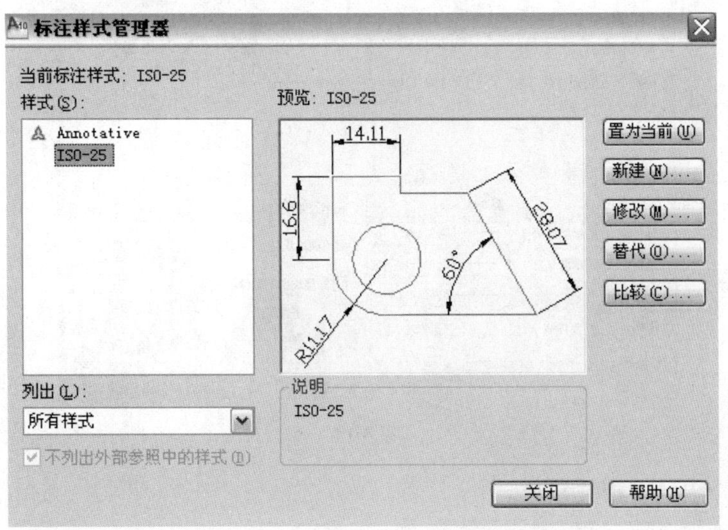


图 5.14

可以选择系统默认的 ISO-25 样式或国标样式作为基本模式进行修改，也可以新建尺寸标注样式。如果要新建尺寸样式，单击“新建”按钮，弹出“创建新标注样式”对话框，如图 5.15 所示。

图 5.15

单击“继续”按钮，弹出“新建标注样式”对话框，如图 5.16 所示。标注样式对话框中包括线、符号和箭头、文字、调整、主单位、换算单位、公差等各种风格样式。应确保标注样式符合行业或项目标准。

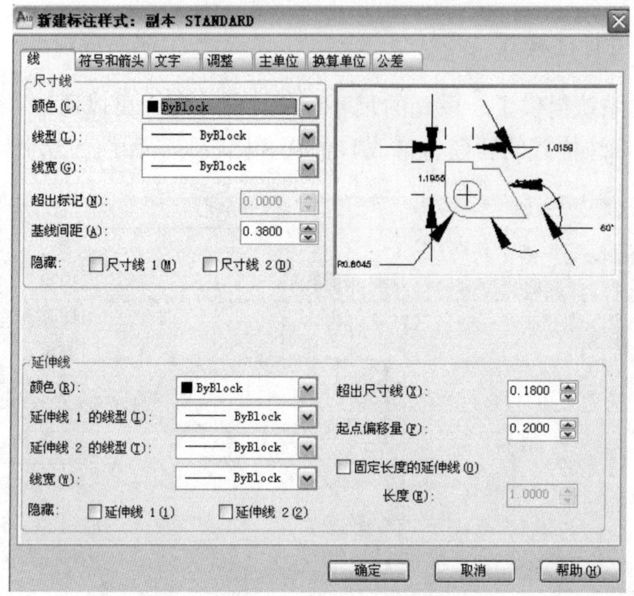


图 5.16

下面简单介绍一下相关参数。

（1）线。

“线”选项卡包括尺寸线、延伸线、超出尺寸线、起点偏移量等。

（2）符号和箭头。

“符号和箭头”选项卡是对箭头、圆心标记等具体参数进行设定，如图 5.17 所示。

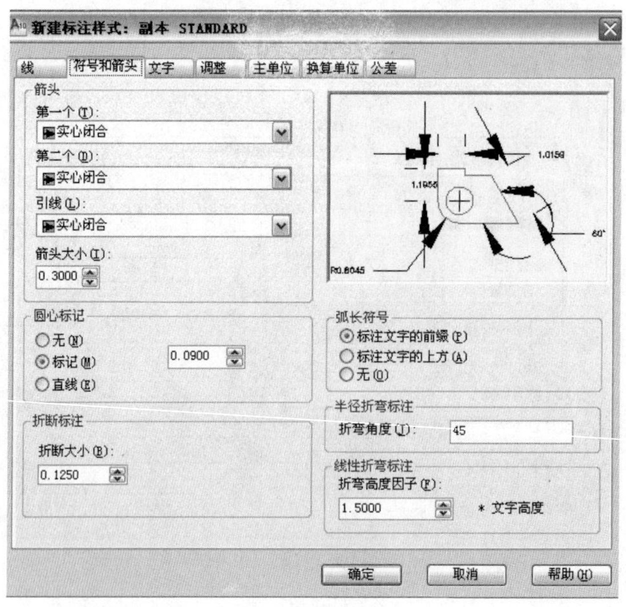


图 5.17

（3）文字。

如图 5.18 所示，在“文字”选项卡中设置标注文字的外观、位置和对齐文式。

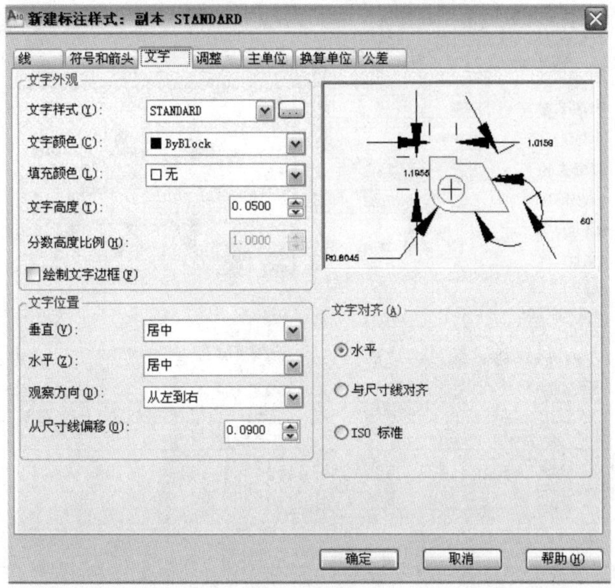


图 5.18

（4）调整。

在“新建标注样式”对话框中，“调整”选项卡用于控制尺寸文字、尺寸线和尺寸箭头的位置，“新建标注样式”选项卡包括“调整选项”、“文字位置”、“标注特征比例”和“优化”4 个选项区域。“调整”选项卡的设置需要一定的经验，系统缺省设置能够满足大部分的标注需要，如图 5.19 所示。

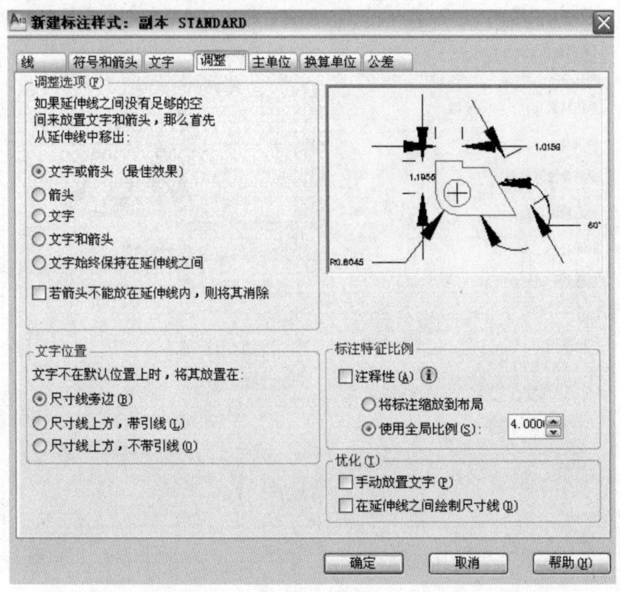


图 5.19

（5）主单位。

用户如果需要设置主标注单位的格式和精度，或者需要对标注文字的前缀和后缀进行设置，可以在“主单位”选项卡进行设置，如图 5.20 所示。

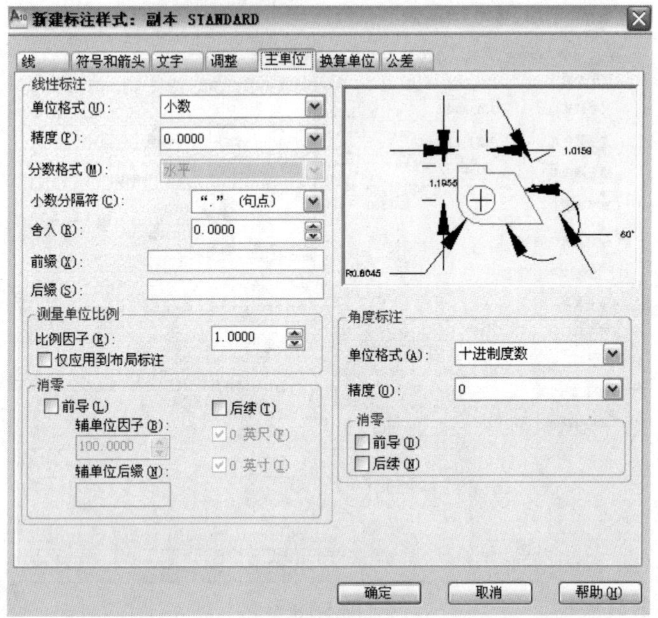


图 5.20

（6）换算单位。

如图 5.21 所示，“换算单位”选项卡用于指定标注测量值中换算单位的显示，并设置其格式和精度，只有选择“显示换算单位”单选项后才能进行设置。

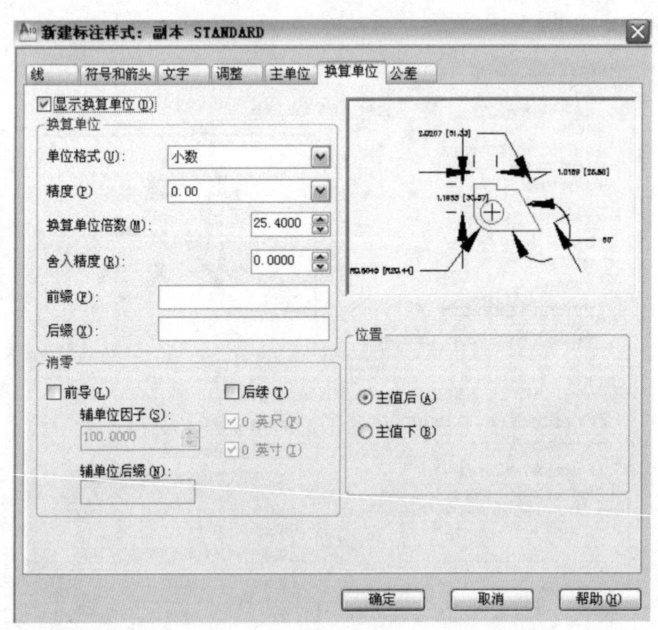


图 5.21

（7）公差。

“公差”选项卡控制尺寸公差标注方式，包括尺寸公差的方式、精度、高度、比例因子等，如图 5.22 所示。

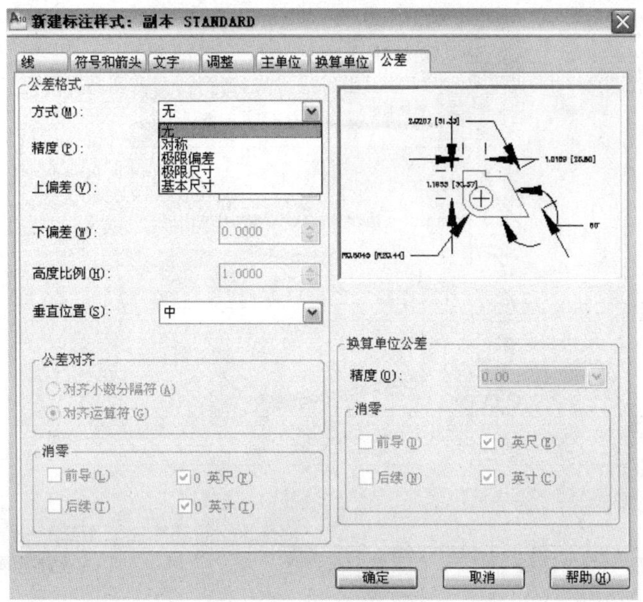


图 5.22

### 5.2.5 尺寸标注样式的修改

AutoCAD 提供了对标注样式的修改功能。首先选中需要修改的标注样式，再单击“标注样式管理器”对话框中的“修改”按钮，弹出“修改标注样式”对话框，在“修改标注样式”对话框中对尺寸标注样式进行修改。

### 5.2.6 尺寸标注

AutoCAD 提供了多种标注工具，这些工具位于“标注”菜单下，或者单击“标注”工具栏，可完成对线性、角度、半径、直径、对齐、连续、圆心和基线等的标注，如图 5.23 所示。

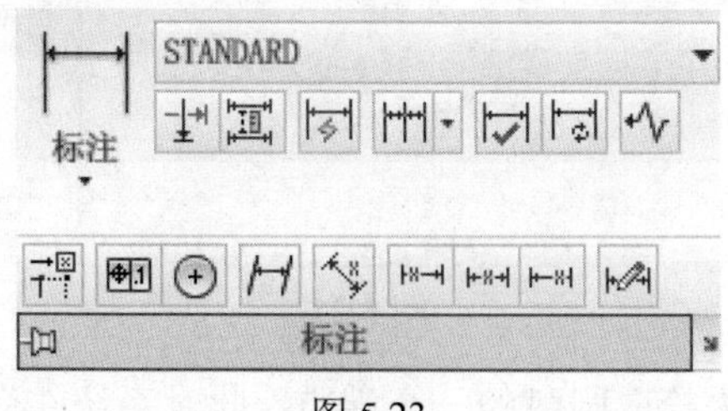


图 5.23

（1）线性标注。

在“标注”工具栏中单击“线性标注”按钮，移动光标将尺寸线放置在合适的位置后单击，即完成一个线性尺寸的标注，如图 5.24 所示。

（2）对齐标注。

单击“标注”下的“对齐标注”按钮，按提示拾取第一、第二两点，或右击，再拾取需要标注的线段，移动光标单击定位，即可完成对齐尺寸的标注。 如图 5.25 所示。

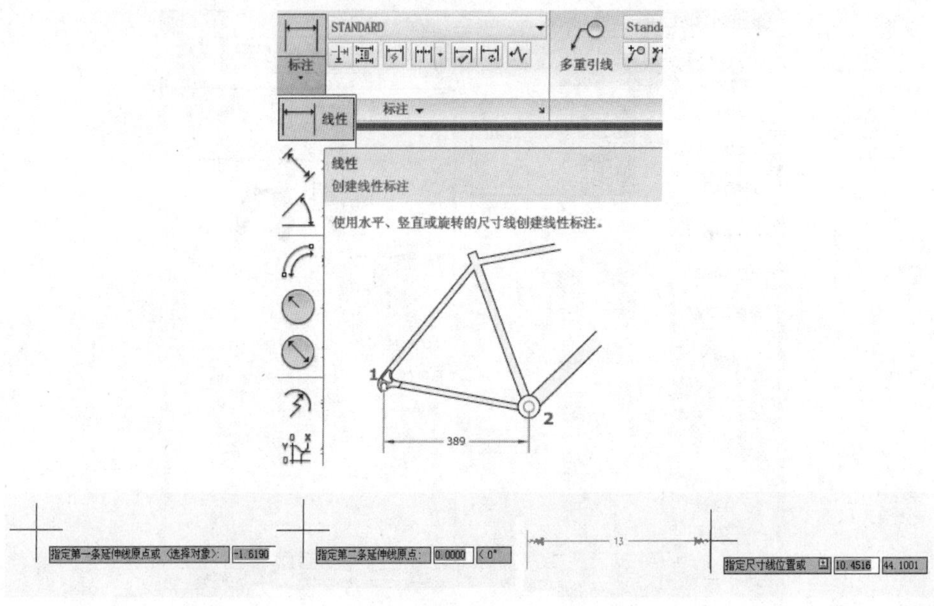


图 5.24

（3）角度标注。

角度标注用于圆弧包角、两条非平行线的夹角以及三点之间夹角的标注，如图 5.26 所示。

（4）弧长标注。

用于标注圆弧或多段线圆弧上的距离，如图 5.27 所示。

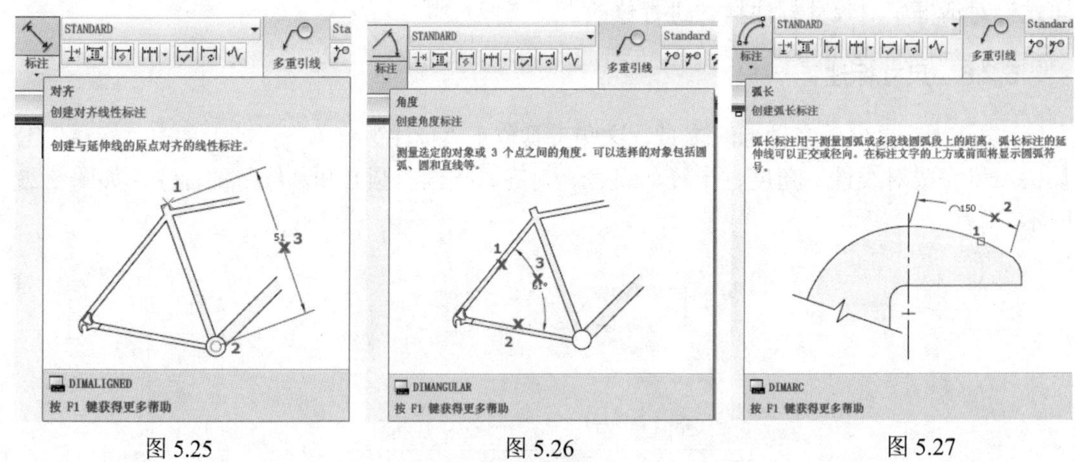


图 5.25　　图 5.26　　图 5.27

1）圆弧角度的标注。先拾取圆弧的一个端点。此时系统在命令行给出“指定标注弧线位置或[多行文字（M）/文字（T）/角度（A）]”提示，单击确定弧线位置，即完成圆弧角度的标注。

2）两条非平行线夹角的标注。依次拾取形成夹角的两条直线，并确定标注弧线的位置，即完成两条非平行线之间的角度标注。

3）三点之间夹角的标注。需先右击或按回车键。待命令行出现“指定角的顶点”提示时，利用“对象捕捉”功能拾取顶点，再依次拾取两个端点，最后确定标注弧线的位置，即可完成三点之间夹角的标注。

（5）直径标注。

直径标注用于圆或圆弧直径的尺寸标注。单击“直径”按钮，系统提示“选择圆弧或圆”，移动光标拾取圆或圆弧。根据系统提示“指定尺寸线位置或 [多行文字（M）/文字（T）/角度（A）]”，移动光标到合适的位置，单击指定尺寸线位置，即可完成直径标注。如图 5.28 所示。

（6）半径标注。

半径标注是使用中心线或中心标记，标注圆弧和圆半径的一种标注形式。在“标注”工具栏中单击“半径”图标，根据命令行提示，首先选择要标注的圆弧或圆，根据需要输入选项，指定引线位置，包括中心标记和中心线，完成标注。如图 5.29 所示。

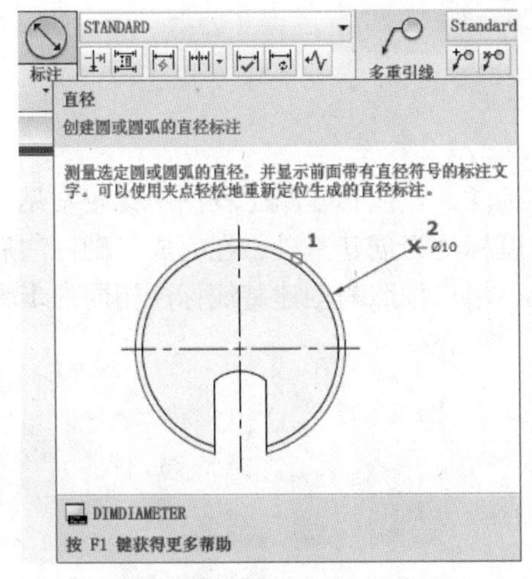


图 5.28

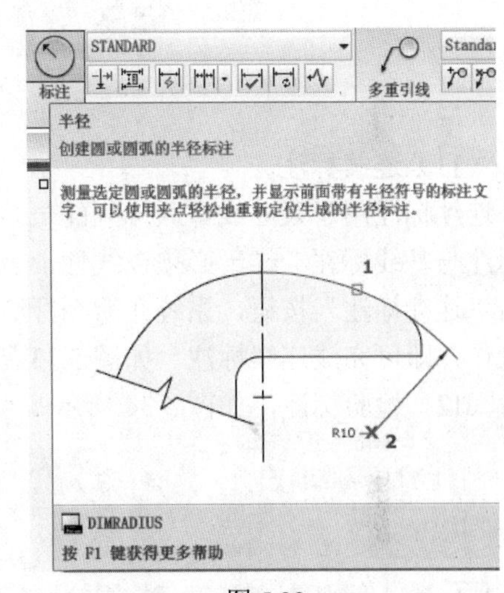


图 5.29

（7）打断，如图 5.30 所示。

（8）调整间距，如图 5.31 所示。

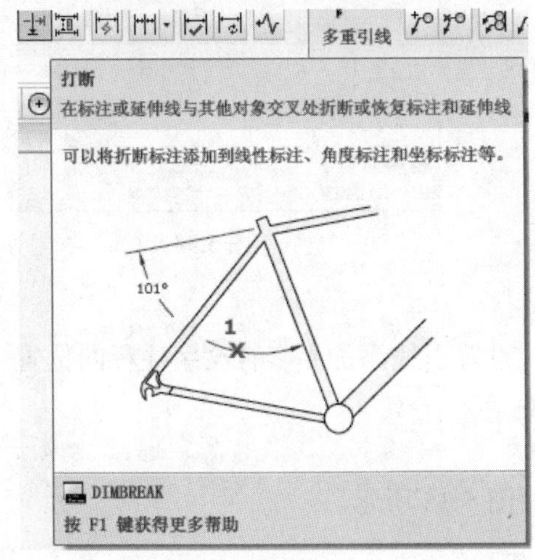


图 5.30

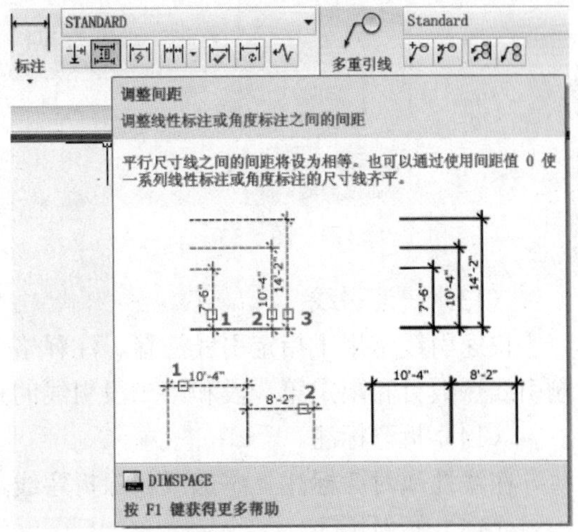


图 5.31

（9）快速标注，如图 5.32 所示。

（10）基线标注。

基线标注用于以同一尺寸界线为基准的一系列尺寸标注。基线标注是一个比较特殊的标注，创建基线标注，首先必须完成线性、坐标或角度关联标注。然后单击“基线标注”按钮，按系统提示完成一系列基线尺寸的标注。基线标注中尺寸线之间的间距，由标注样式中的基线间距控制。

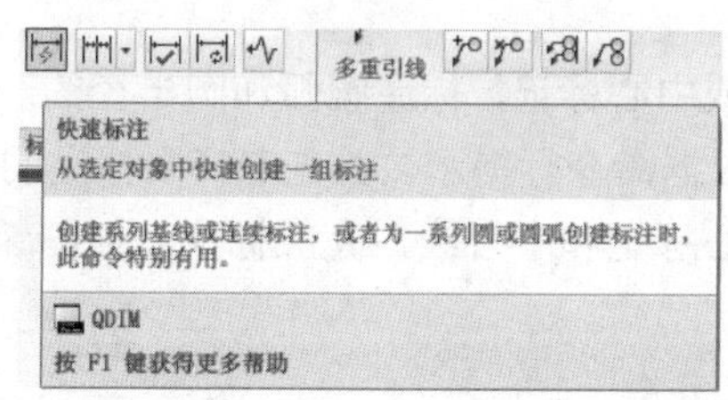


图 5.32

（11）连续标注。

连续标注用于尺寸线串联排列的一系列尺寸标注，在园林建筑工程图中比较常见。连续标注与基线标注一样，必须以线性、坐标或角度标注为创建基础。在完成基础标注后，单击“连续标注”按钮，系统在命令行给出提示。用户按照与创建基线标注相同的步骤进行操作，即可完成连续标注。如图 5.33 所示。

（12）检验标注，如图 5.34 所示。

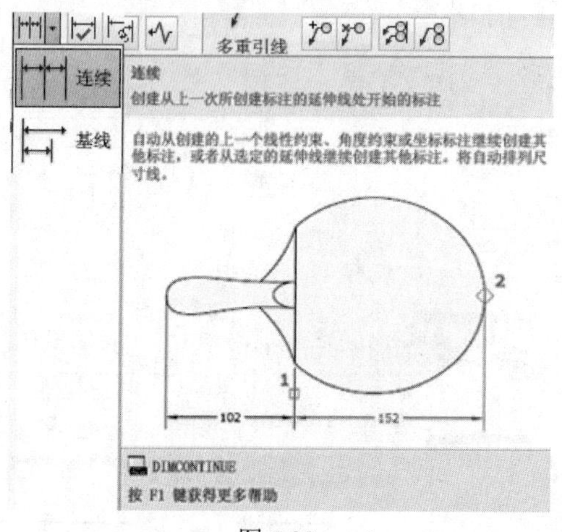


图 5.33

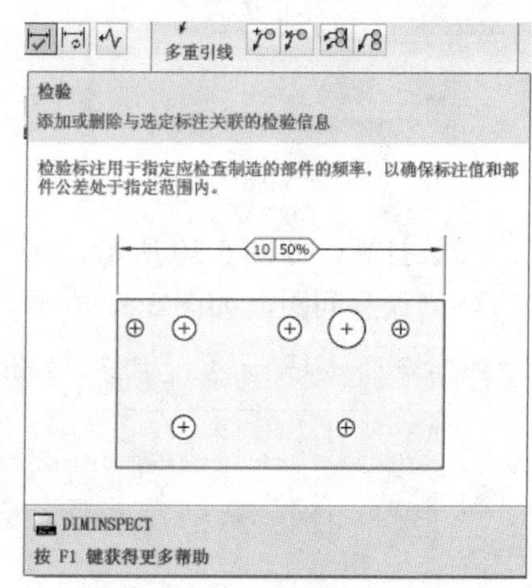


图 5.34

（13）快速引线。

快速引线常用于指定引线注释、注释格式、设置引线添加到多行文字注释的位置、限制引线点数目和限定第一段和第二段引线的角度。

（14）折弯标注。

在线性或对齐标注上添加或删除折弯线，如图 5.35 所示。

（15）倾斜标注。

倾斜标注可以使线性的延伸线倾斜。如图 5.36 所示。

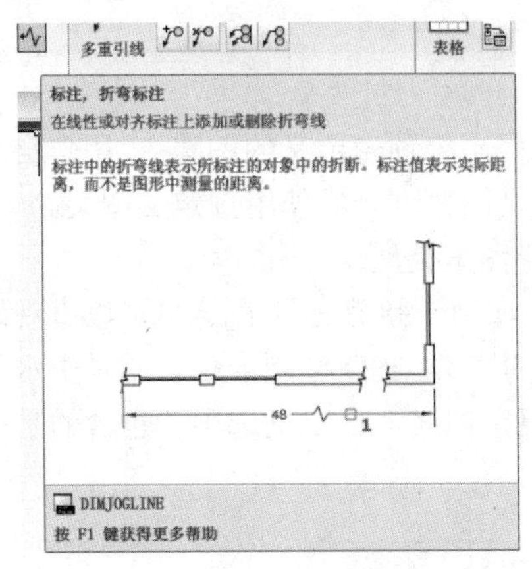


图 5.35

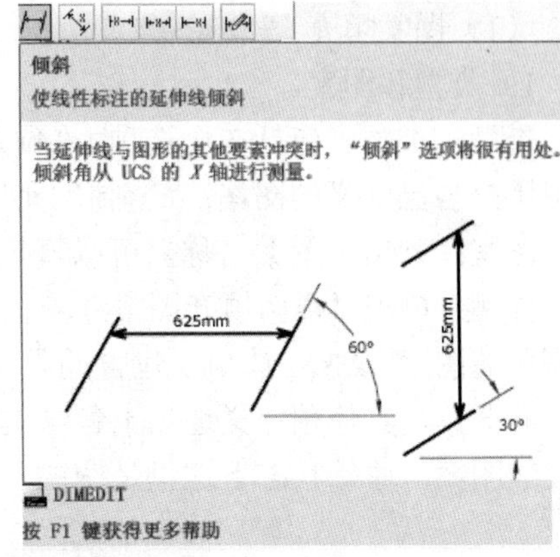


图 5.36

# 5.3 图 案 填 充

## 5.3.1 图案填充

图案填充是给一定的区域填充指定类型的图案阴影线，以便于区分不同区域的性质。园林设计绘图中，图案填充常用于表达地面或墙面等的铺装形式或纹理，绘制工程详图时用于表示材料的符号，区分相邻块面的不同特性等。

图案填充在园林设计中经常用到，所填充的图形必须是封闭的，调用的快捷命令是 H。单击“图案”工具，弹出“图案填充和渐变色”对话框。图案填充分预定义、用户定义和自定义三种类型。

在命令行输入填充命令（H 或 BH），打开如图 5.37 所示的“图案填充和渐变色”对话框。该对话框有图案填充和渐变色两个选项卡。

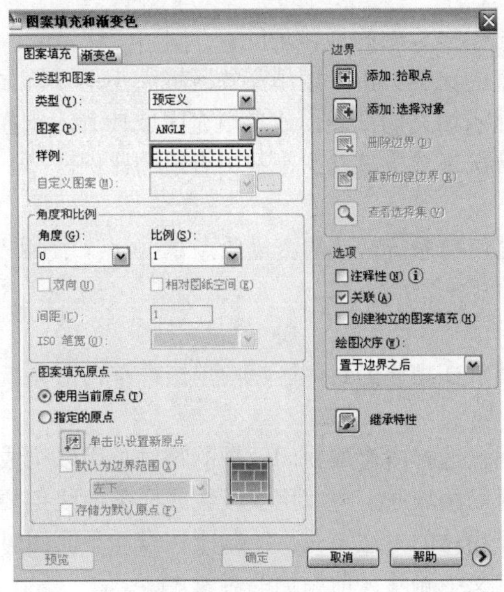


图 5.37

（1）图案填充。

1）类型和图案。

类型：类型中包括 3 个选项，“预定义”即采用系统预先定义的图案；“用户自定义”采用用户自己定义的图案；“定制”允许用户自定义图案。一般使用预定义图案。

图案：列出了图案名称，可以直接在此处选择图案类型。

样例：单击“样例填充图案选项板”对话框，如图 5.38 所示。在这里可以直观地挑选所需要的图案。ANSI 选项卡包含的是由斜线组成的图案，ISO 选项卡包含的是由水平线型组成的图案，其他预定义选项卡包含的是其他的复杂图案，自定义选项卡包含的是用户自定义的图案，原始状态下这里是空的。

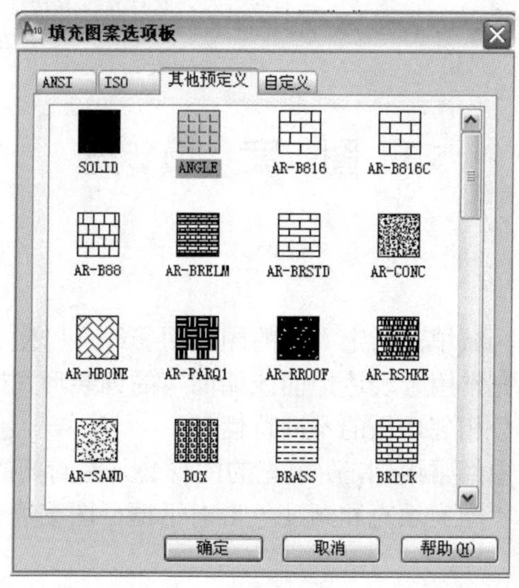


图 5.38

2）角度和比例。

角度：指定图案相对于坐标轴的旋转角度。

比例：指定填充图案的比例。由于要填充的区域大小不一，如果填充区域较小，选择的比例较大，可能无法显示填充的图案，或者填充区域较大，选择的比例较小，会使填充区域变成一片黑，这种情况下要尝试几次，找出合适的比例。

3）图案填出原点。

“使用当前原点”是使用系统默认的变量原点 0，0 点。使用“指定的原点”是指定新的图案填充原点。

4）边界。

添加拾取点：要求用户在填充的封闭区域内单击，单击后系统会自动查找有效的封闭区域，用于填充图案。

添加选择对象：让用户选择围合成封闭区域的物体，用以构成填充区域。当用拾取点的方法无法找出有效的封闭区域时，可以用多段线或样条曲线把要填充的范围绘制成一条封闭的轮廓线，再用选择物体的方法填充。绘制园林设计平面图时常用到这种方法。

删除边界：从边界定义中删除之前添加的对象。

查看选择集：暂时关闭图案填充与渐变色对话框，并使用当前的图案填充和图案设置显示当前定义的边界。如果没定义边界，则此项功能不可用。

5）选项。

注释性：指定填充为注释性。单击信息图标以了解有关注释性对象的更多信息。

关联：图案填充在用户修改边界时将会更新。

创建独立的图案填充：控制当指定了几个单独的闭合边界时，是创建单个图案填充对象，还是创建多个图案填充对象。

绘图次序：为图案填充指定次序，图案填充可以放在所有对象之后、之前、边界之后、边界之前。

6）继承特性。

使用选定图案填充对象的图案填充特性对指定的图案边界进行填充。在选定图案填充要继承其特性的图案填充对象之后，可以在绘图区域中右击，并使用快捷菜单在“选择对象”和“拾取内部点”选项之间进行切换，以创建边界。

（2）渐变色。“渐变色”对话框，如图 5.39 所示。

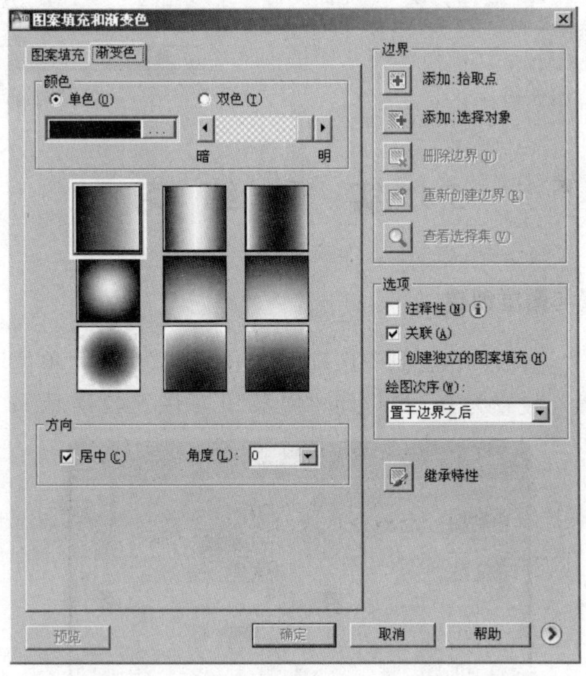


图 5.39

1）颜色。

单色：指定使用从较深色调到较浅色调平滑过渡的单色填充。选择单色时，显示带有“浏览”按钮和“着色”和“染色”滑块的颜色样本。

双色：指定在两种颜色之间平滑过渡的双色渐变填充，选择双色时，显示颜色 1 和颜色 2 的带有“浏览”按钮的颜色样本。

2）方向。

居中：指定对称的渐变配置。如果没选此项，渐变填充将朝左上方变化，创建光源在

对象左边的图案。

角度：指定渐变填充的角度。相对当前 UCS 指定角度。此项与图案填充的角度互不影响。

### 5.3.2 边界与面域

边界是指用封闭区域创建面域或多段线，如图 5.40 所示。单击“边界”命令，弹出“边界创建”对话框，如图 5.41 所示，在图形中拾取点，选择多段线或面域，按空格键，产生一个新的图形。

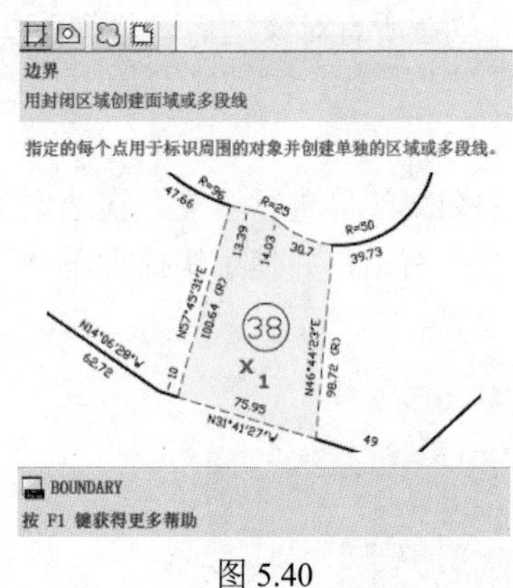


图 5.40

图 5.41

## 5.4 实 例 练 习

### 5.4.1 单位设置与图层创建

新建文件，选择“无样打开-公制”选项，单击“格式”→“单位”命令，打开“图形单位”对话框，“精度”设置为 0，单位为“厘米”，如图 5.42 所示。

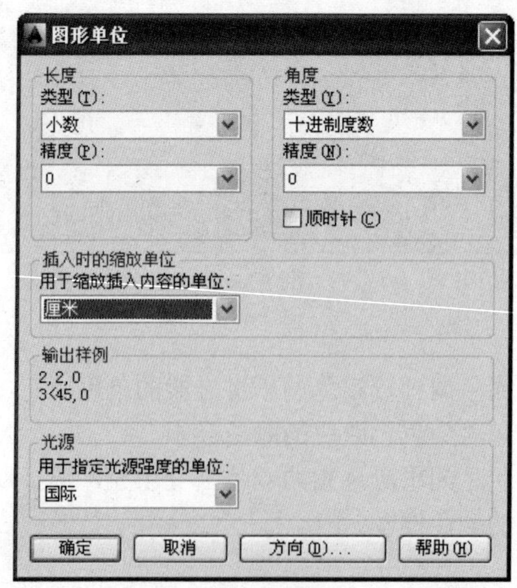


图 5.42

在“图层特性管理器”对话框中任意选择一图层，按回车键，新建几个图层，分别命名为“轴线”、“墙体”、“门窗”和“标注”，并以不同的颜色显示。设置“轴线层”的线性为虚线，方法是，单击图层总的线型按钮 Contin...，打开“选择线型”对话框，如图 5.43 所示。

单击加载(L)...按钮，打开“加载或重载线型”对话框，如图 5.44 所示。

选择虚线后单击确定按钮，在选择线型窗口中一定要单击刚加载的虚线，这样该图层线型才会改为虚线，如图 5.45 所示。

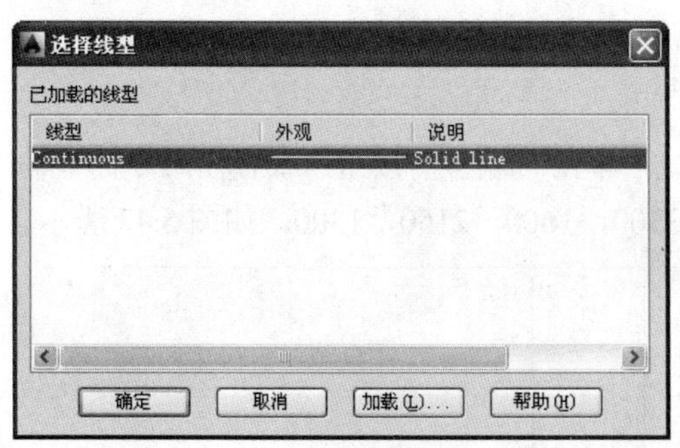


图 5.43

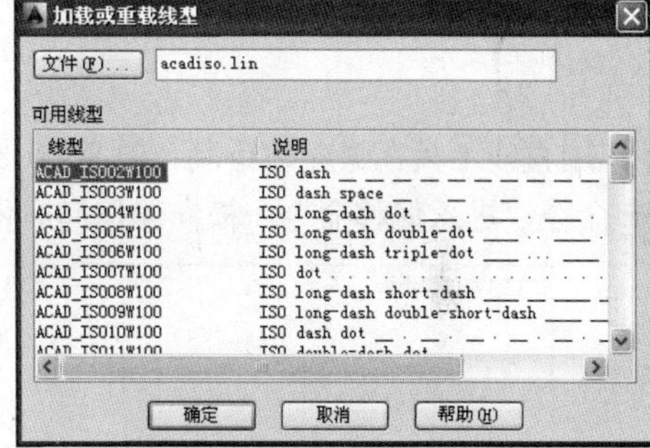


图 5.44

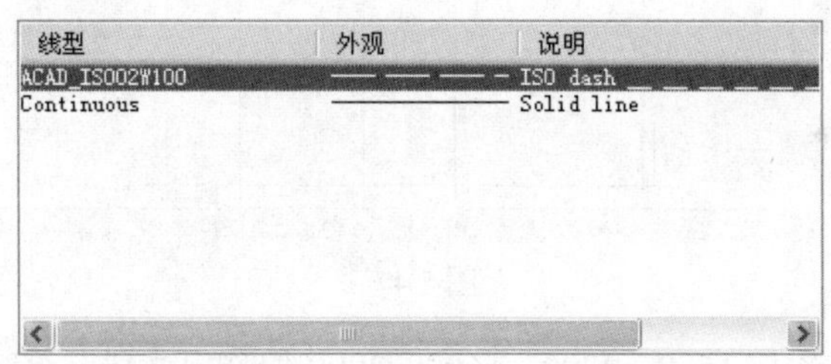


图 5.45

完成后单击确定按钮，关闭“图层特性管理器”对话框。

### 5.4.2 中轴线绘制

选择轴线“图层”，在此层上绘制一根 9000 个单位的横线，绘制好后在命令行中输入命令 Z，再输入命令 a，使绘制的直线完全显示在屏幕上，并根据横线调整比例因子，使其显示为虚线，调用比例因子的命令为 LTS，此处的比例因子为 10。命令行显示如下：

命令: _line
指定第一个点:
指定下一点或 [放弃(U)]: <正交 开> 9000
指定下一点或 [放弃(U)]:
命令: Z ZOOM
[全部(A)/中心(C)/动态(D)/范围(E)/上一个(P)/比例(S)/窗口(W)/对象(O)] <实时>: a 正命令: LTS
LTSCALE 输入新线型比例因子 <1.0000>: 10

得到一个合适的显示，如图 5.46 所示。

图 5.46

用直线工具在最左边绘制一根 9500 长的竖线，单击“偏移”按钮，或者在命令行中输入 OF 命令，进入偏移命令，横向偏移向右依次按 3300，1600，2150，1300，如图 5.47 所示。

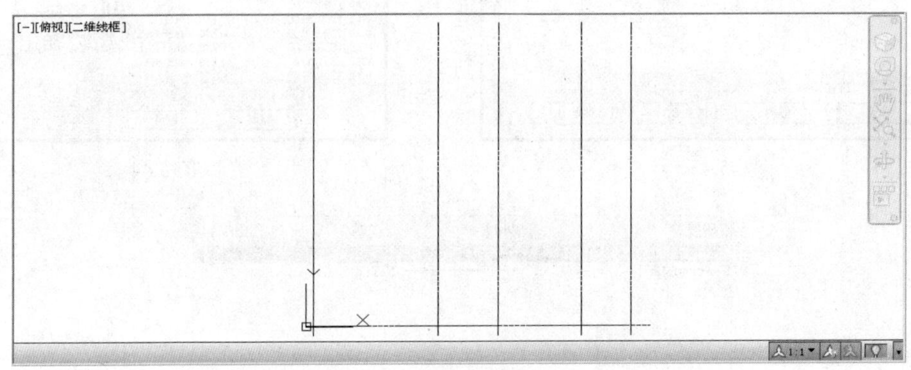

图 5.47

偏移横线，向上依次按 1500，4200，1600，2000 偏移出横线。绘制完后如图 5.48 所示。

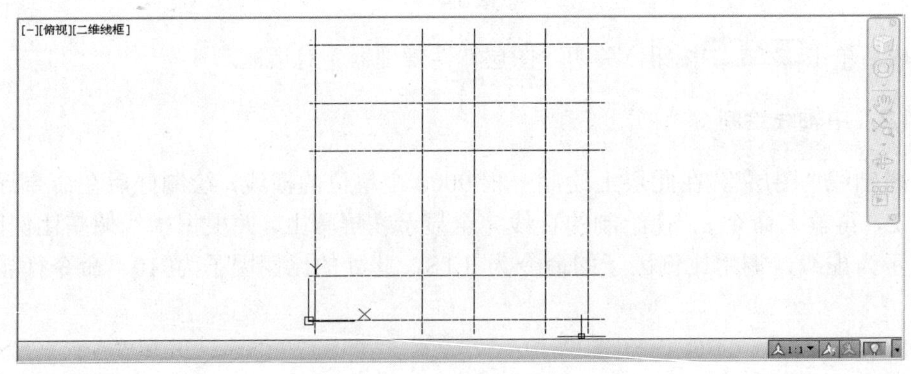

图 5.48

**注意**：此处使用偏移时按两次回车键可进入数值的输入，两次空格键分别代表退出偏移和进入偏移。

### 5.4.3 多线绘制与修剪

多线绘制与修剪如图 5.49 所示。

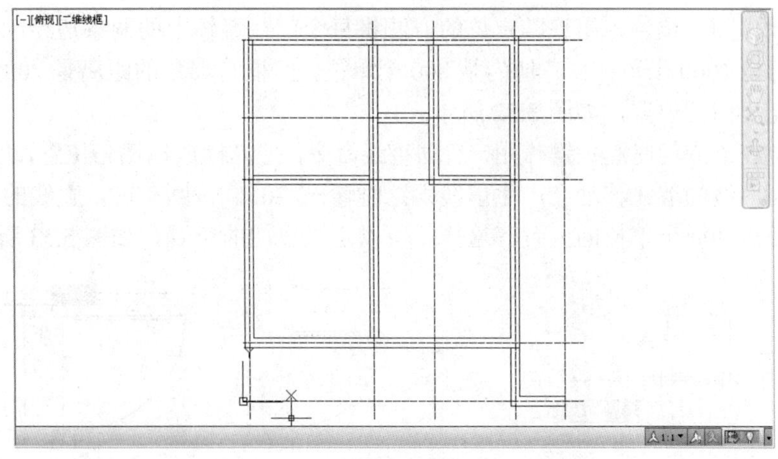


图 5.49

阳台墙体线要注意对齐选项和墙厚度设置，如图 5.50 所示。

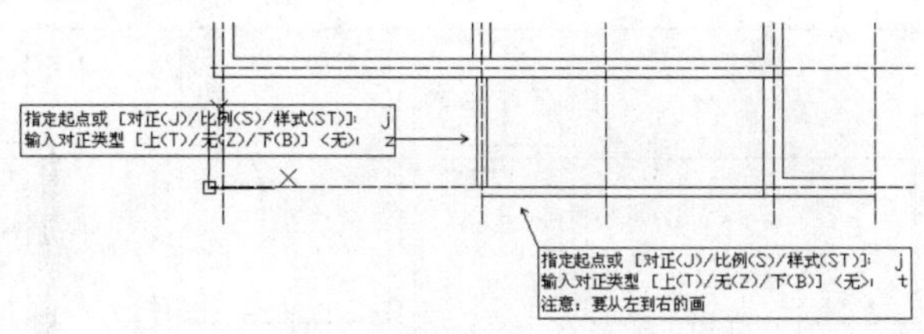


图 5.50

单击“修改”→“对象”→“多线”命令，启用多线编辑工具，选择合适的类型进行操作，操作的先后顺序对结果有直接的影响。最终效果如图 5.51 所示。

**注意：**本实例中使用多线编辑工具当中的十字、T 字和角点三个类型，这三个类型又有打开和合并之分，包围外的是合并，包围内的是打开。

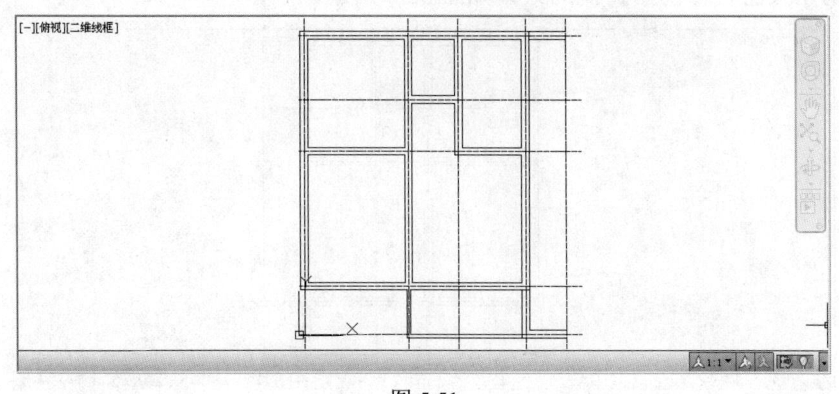


图 5.51

### 5.4.4 门窗绘制

本实例中的门图形用块来实现，先要创建 1 个单位块，插入块时只需输入块的比例就可得到需要的大小，窗户绘制中使用了点等分工具，利用点等分将一条线等分成三份。

首先绘制出门的位置，用追踪定位的方法将每个门在墙体上的两条边绘制出来，本案例中，入户门是1000个单位，其他门是800个单位，门框与墙角的距离是200个单位，依据这些尺寸定出门的位置，如图5.52所示。

追踪定位在绘制门时起关键作用，启动直线命令，把光标放在墙角位置，停留片刻后，沿着需要绘制门线的墙线移动会产生虚线，这时输入 200，按回车键，直线的启动就会定在距离墙角角点200个单位的位置，这样就可以定义出门的位置，如图5.53所示。

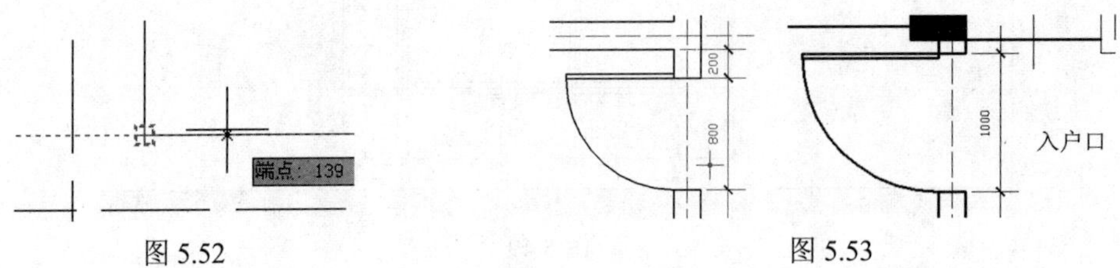


图 5.52　　　　图 5.53

经过追踪定位，将门在墙体的位置一一绘制出后的效果如图5.54所示。

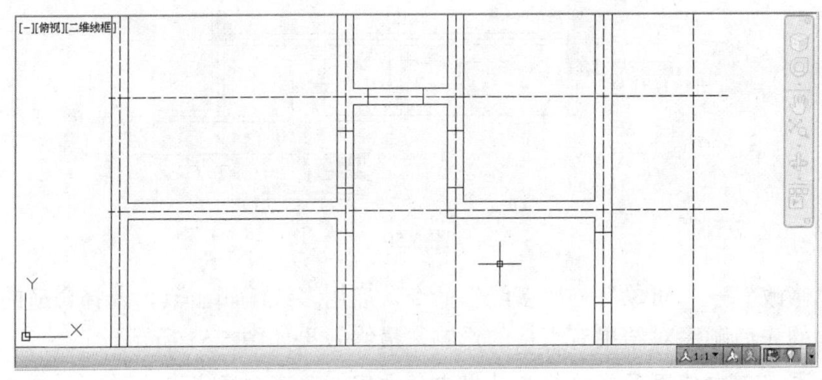


图 5.54

用修剪工具进行修剪后得到的效果如图5.55所示。

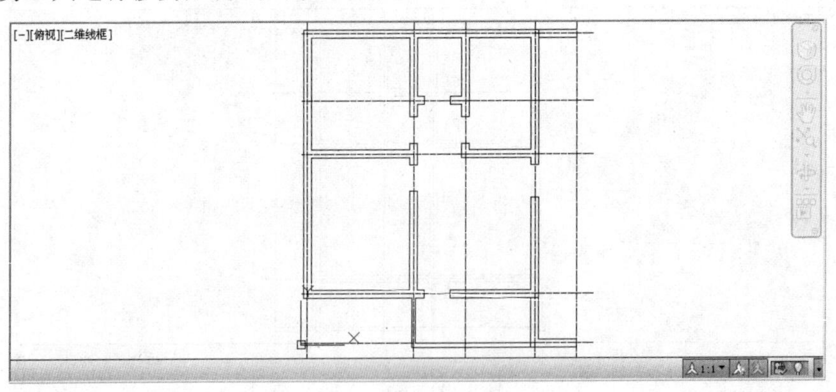


图 5.55

门的位置修剪好后，对窗户的位置进行绘制，窗户的定位也是通过追踪定位，窗户在每个房间墙体的中间，定位可从每个房间的墙线中点开始追踪，输入的是半个窗户的宽度。

上边的窗户尺寸分别是2000，1000，1500。下边的窗户尺寸分别是2000，1500。

下边右边的窗户离墙角距离是200，绘制完后效果如图5.56所示。

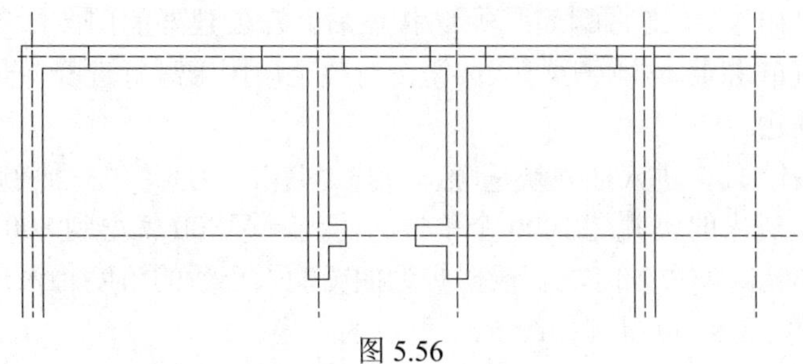

图 5.56

绘制窗户图形，选择窗户的一条边，单击“绘图”→“点”→“定数等分”命令，将线等分成三部分，等分并不是将线切成三部分，而是用点在线上做标记分成三部分，也就是说被等分的线上是有标记点的。等分完后用直线工具绘制窗户的两根横线，横线的起点一定是从等分点上开始的，这个等分点要通过对象捕捉到。前提是对象捕捉里的“节点”捕捉要勾选。

完成后的效果如图 5.57 所示。

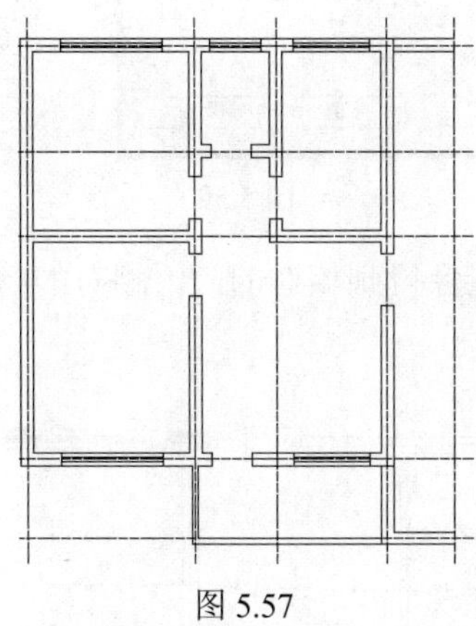

图 5.57

先创建一个单位门，存成块，再用插入块来得到所有门。绘制一个 1×0.03 的矩形作为门。

单击“绘图”→“圆弧”→“起点圆心端点”命令，绘制半径为 1 的圆弧，单击工具栏中“创建块”按钮，弹出“块定义”对话框，如图 5.58 所示。

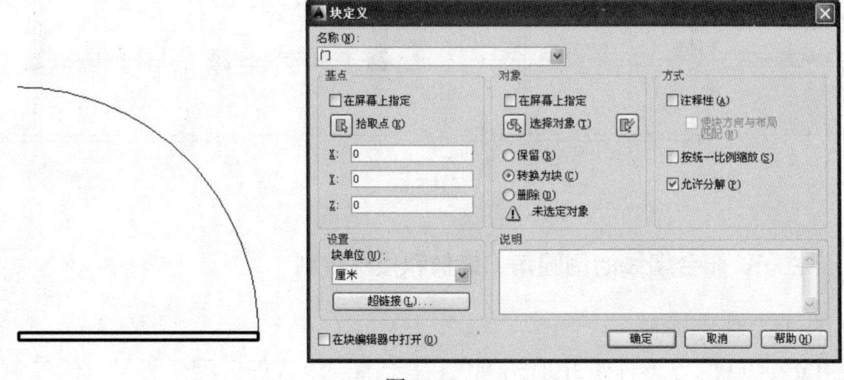


图 5.58

给块命名为“门”，单击拾取点(K)按钮后，在创建好的门图形中圆弧的圆心处单击，拾取基点。再单击选择对象(T)按钮，对整个门图形进行选择，最后单击“确定”完成了整个块的创建。

单击插入块按钮，进入插入块选项，选择“门”，勾选“统一比例”，在比例里面输入 1000，这样插入进来的块就是 1000 个单位的门，输入 800 就得到 800 的门，门有方向，并不是所有的门都朝向一个方向，要根据实际情况输入合适的角度。入户口的门为 1000，输入比例 1000，角度 180 可得到如图 5.59 所示的入户门。

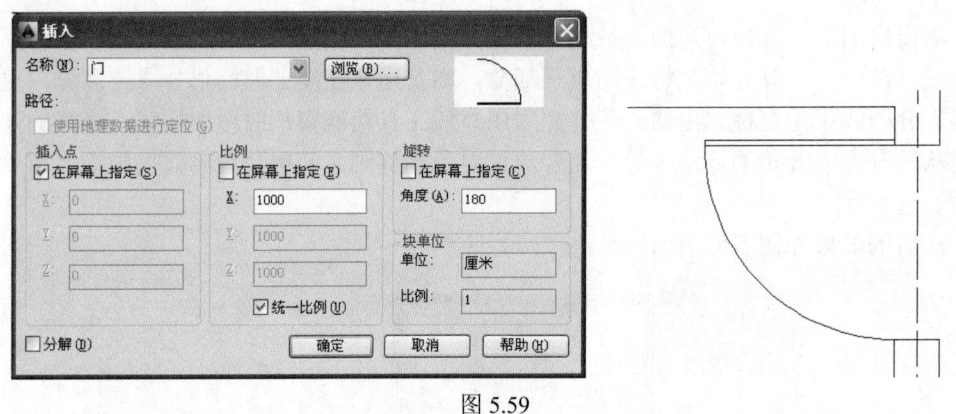


图 5.59

有的门是相对的，需要用镜像得到相对的门，相对的门镜像后还可以复制成为其他位置的门，如图 5.60 所示。

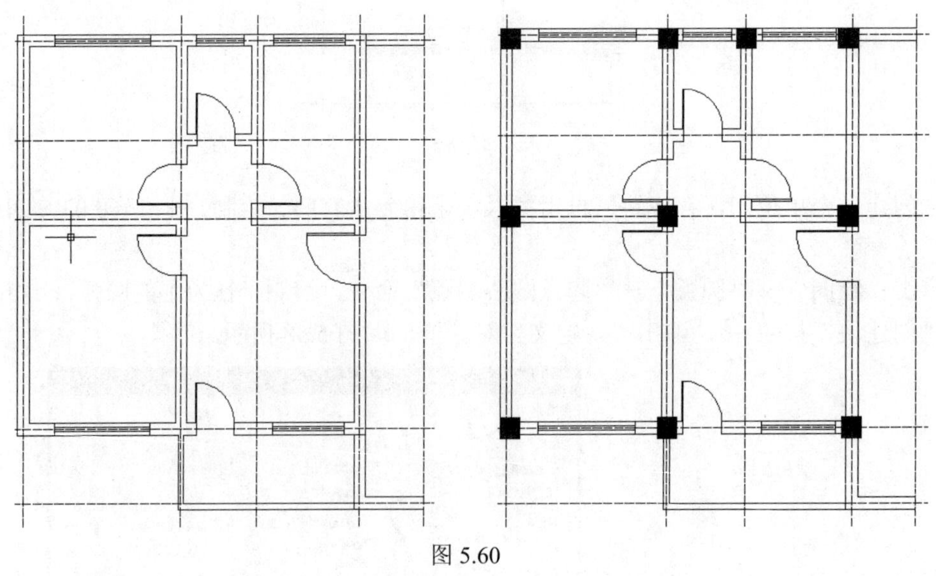

图 5.60

### 5.4.5 柱子、阳台墙线的倒圆角、镜像和楼梯绘制

（1）柱子绘制与复制。

绘制 400×400 的方形柱子并填充颜色，柱子准确放置的关键是移动或者复制时基点的

选择，以下是基点选择的方法。

先绘制400×400的方形，用相对坐标的输入方式，矩形命令激活后，在屏幕的空白处单击，得到矩形的第一个角点，在命令行中输入@400,400，得到第二个角点，用填充工具填充黑色，得到完整的柱子图形。

柱子创建好后，需要复制，不同位置的柱子与墙体的关系不同，在角上的柱子需要柱子的角点与墙的角点重合，在中间的柱子中心应该与轴线交点重合，在边上的柱子是边的中点重合，准确放置这些柱子要求选择不同的基点，选择柱子的中心稍微复杂些，要借助追踪定位来完成。当激活了复制命令后，需要选择合适的基点，找到方形柱子中心作为基点，操作步骤如下：方形每条边都有中点，鼠标依次停留在直角关系的两条边中点，会有延伸线，两条延伸线有交点，这个交点就是方形的中心，如图5.61所示。

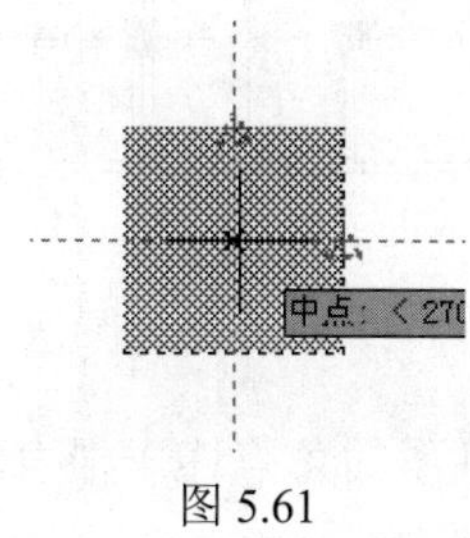


图5.61

本案例中的柱子基点是角点或者某边的中点。完成后如图5.62所示。

（2）阳台倒圆角。

阳台的倒圆角需要先将多线分解，对内边或者外边进行倒圆角处理，通过偏移的方式得到另一条边，最后要通过修剪把多余的线剪掉，剪不掉的线直接删除。

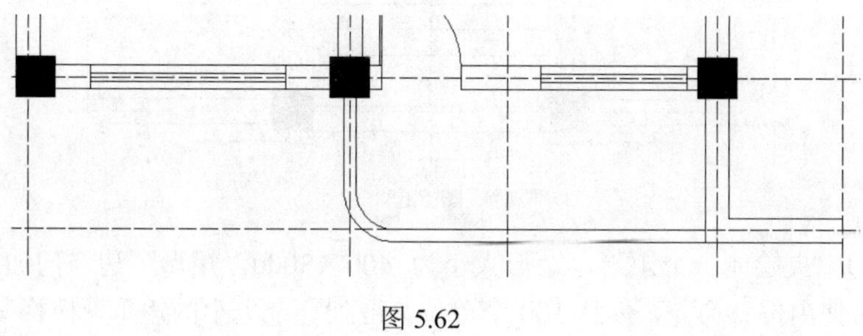

图5.62

最终效果如图5.63所示。

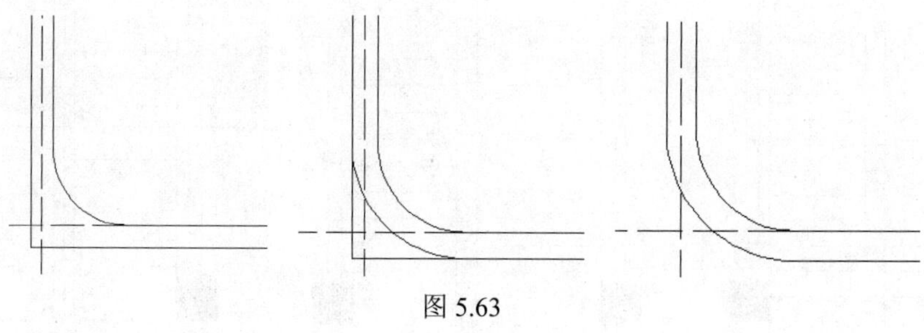

图5.63

（3）镜像。

选择所有绘制好的图形，单击镜像按钮 ，然后以图形最右边的轴线为镜像轴，镜像出图形的另一半，如图 5.64 所示。

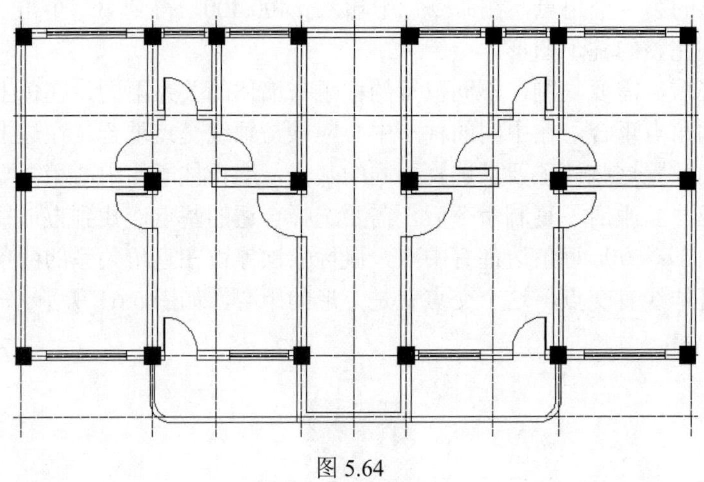

图 5.64

（4）楼梯绘制。

在镜像好的平面图中间的两个柱子的角点连一根直线，通过阵列复制的方式得到另外 11 根相隔 250 个单位的横线，如图 5.65 所示。

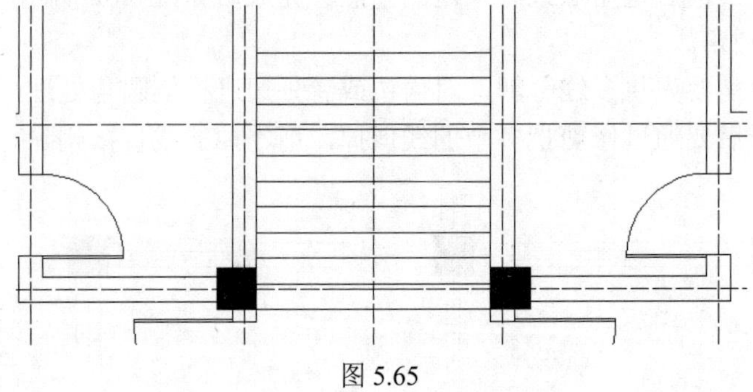

图 5.65

在横线的中央绘制一个矩形，矩形大小为 400×3000，矩形下边与门边对齐，再进行修剪，修剪后使用偏移命令，偏移 100 个单位，得到一个更小的矩形，楼梯基本绘制完成，如图 5.66 所示。

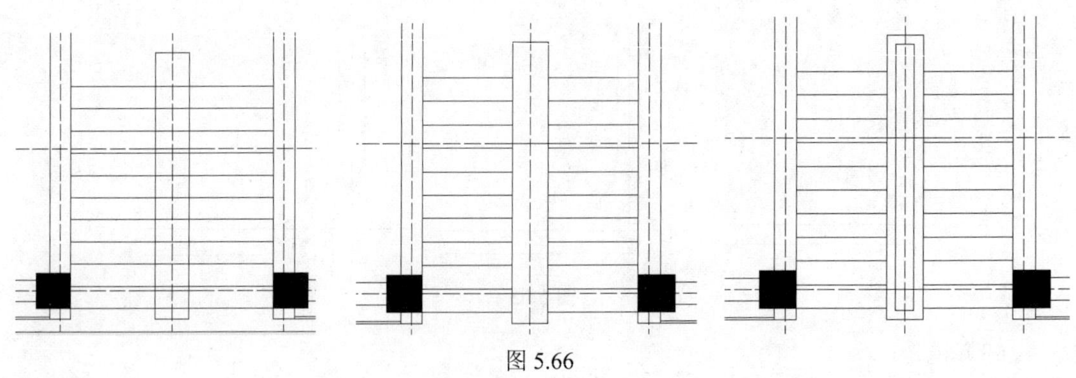

图 5.66

最后绘制楼梯箭头和分割线，最终效果如图 5.67 所示。

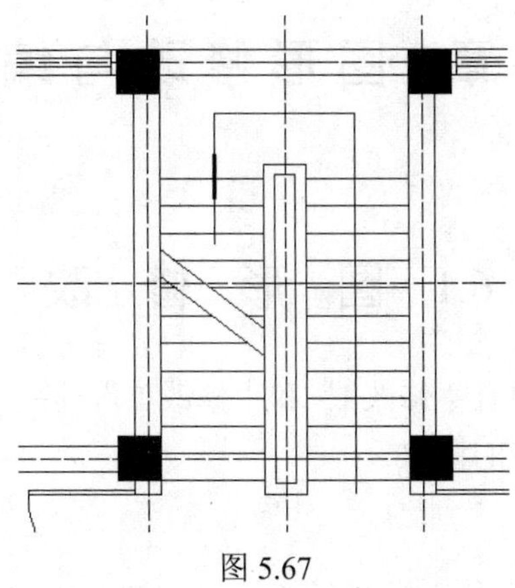

图 5.67

### 5.4.6　标注

本实例标注采用线性标注与快速标注，“使用全局比例”为 60，如图 5.68 所示。

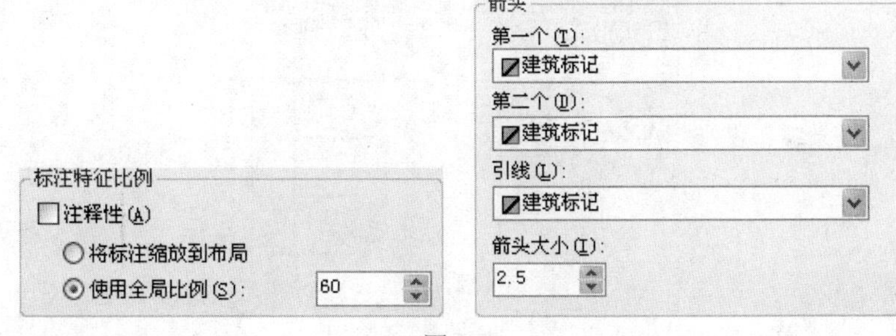


图 5.68

最后效果如图 5.69 所示。

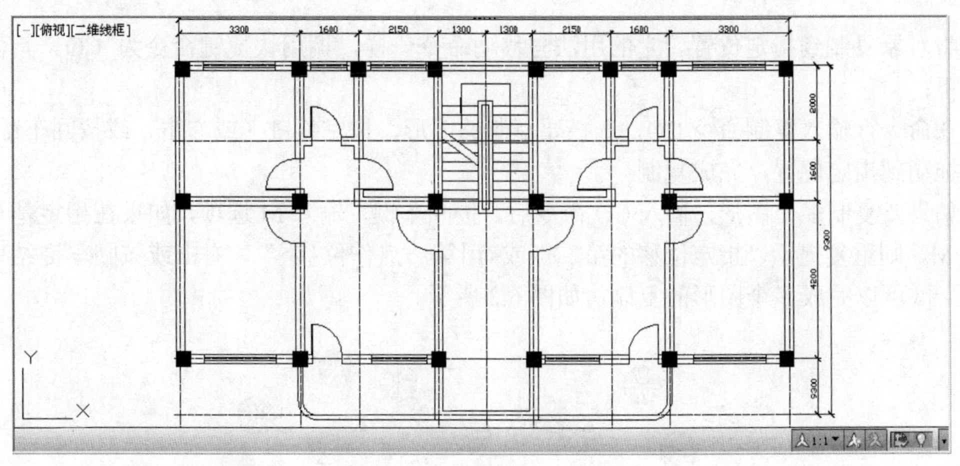


图 5.69

# 第 6 章　图形修改与编辑

## 6.1　图　形　修　改

图形修改工具在工具栏中有“修改 I”和“修改 II”，除了修改工具当中的修改外，在菜单中也有修改工具，如多线的修改。

### 6.1.1　删除命令

删除命令是一般性的操作命令，通常使用键盘上的删除键来完成，也可以在命令行中输入删除命令 Delete。如图 6.1 所示，也可以输入相应的字母从图形删除对象。

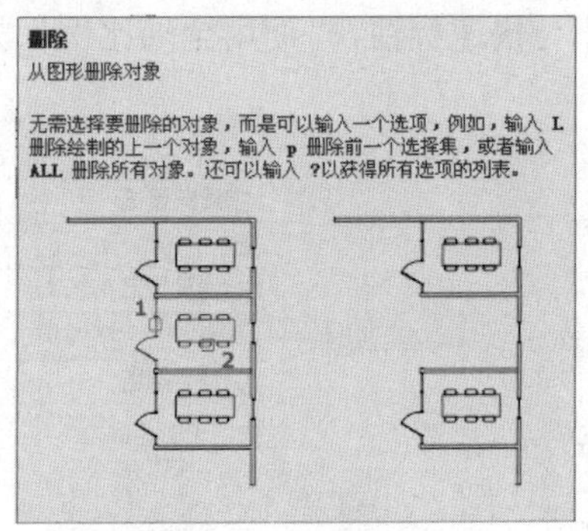


图 6.1

### 6.1.2　复制命令

将对象复制到指定位置。它的用法与移动命令一样，调用快捷键命令为 CO。具体用法如下：

在命令行输入复制命令 CO，选择要复制的图形，按空格键（或右击、或按回车键），左键拖动到指定位置，完成复制。

如果要复制多个图形，输入 CO 命令后，按回车键，输入 M 选项，如果在指定基点前输入 M，则重复提示“指定位移的第二点或<用第一点作位移>”，右击或按回车键结束复制。一次可以完成多个图形的复制，如图 6.2 所示。

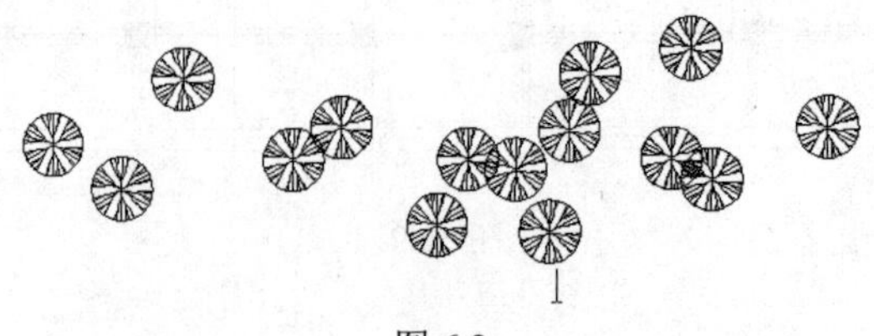

图 6.2

### 6.1.3　移动命令

移动命令是将图形对象从图形的一个位置移到另一个位置。“移动”与“实时平移”命令不同，“实时平移”命令只是将图纸进行平移，图形对象相对图纸的位置固定不动；“移动”命令改变图形对象在图纸上的位置，图纸固定不动。具体用法如下：

在命令行输入移动命令 M，选择要移动的图形，按空格键（或右击、或按回车键），左键拖动要移动的对象，完成移动操作。如图 6.3 所示。

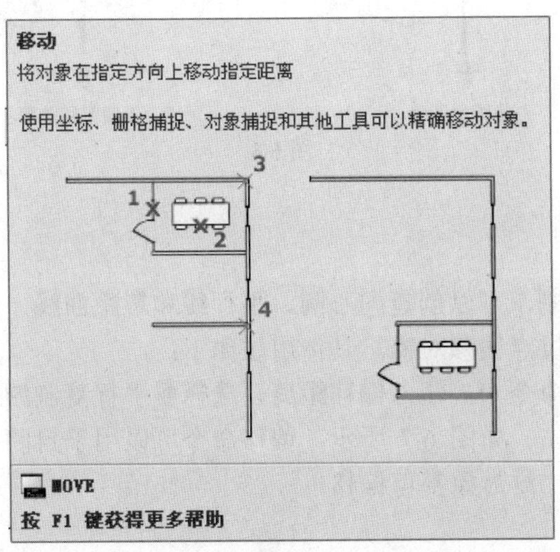


图 6.3

移动对象时要注意基点的选择，基点的选择直接影响移动操作的结果，如图 6.4 所示，十字线需要与方形不同位置对齐，就要选择不同的基点来对齐对象，如要十字中心与方形的中心重合，方形移动的时候基点需要选择方形的中心。

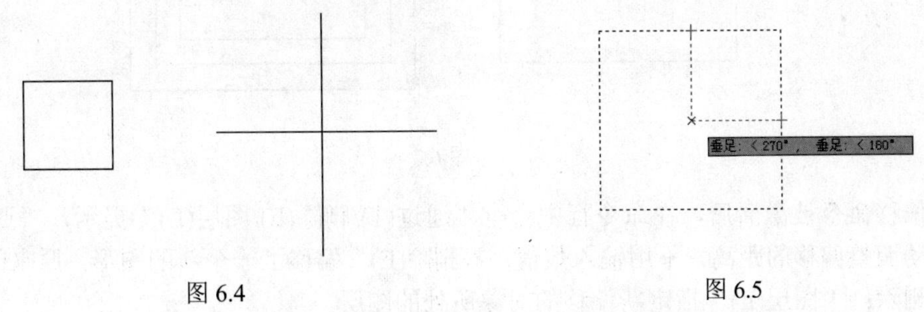


图 6.4　　　　图 6.5

如图 6.5 所示，通过对象捕捉和对象捕捉追踪得到方形的中心，这样移动时十字光标在方形的中心位置，可与十字图形的两线交点重合，这样基点就放置在中间了。

### 6.1.4　镜像命令

生成与原图形对称的目标图形，调用快捷键命令为 MI。本命令的关键是通过两点确定对称直线（也叫镜像线）的位置，如图 6.6 所示。具体用法如下：

在命令行输入命令 MI，选择对象，按空格键（或右击、或按回车键），指定镜像线的第一点，指定镜像线的第二点，删除源对象选 Y，不删除源对象选 N。

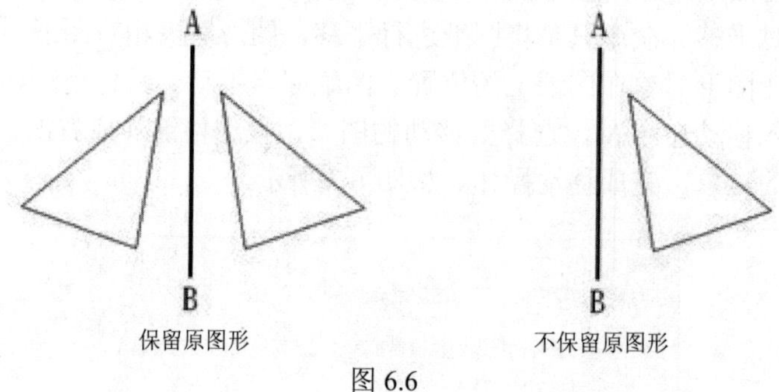


图 6.6

### 6.1.5 偏移命令

偏移相当于平行复制，可以创建同心圆、平行线和等距曲线，调用快捷键命令为 O。可以通过指定距离或通过点偏移对象。具体用法如下：

在命令行输入偏移命令 O，输入偏移距离，选择要平行复制的对象，拖动要复制的对象，向要复制的方向单击。如图 6.7 所示，偏移命令可以用于封闭图形，也可以用于单线或者弧线，总之所有的二维对象都可偏移。

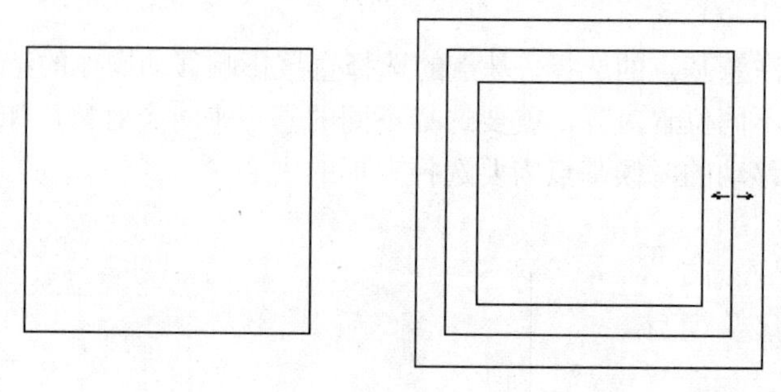

图 6.7

偏移命令被激活后，在命令行中会有“通过(T)/删除(E)/图层(L)”提示，“通过(T)”可手动调整偏移的距离，不用输入数值；“删除(E)”偏移了一个新的图形，原来的图形可以被删除；“图层(L)”指定新偏移的对象所处的图层。

### 6.1.6 旋转命令

旋转是将图形对象围绕某一基准点作旋转，调用快捷键命令为 RO。单击“旋转”按钮，系统提示选择对象，指定旋转中心和角度进行旋转。具体用法如下：

在命令行输入旋转命令 RO，选择要旋转的对象，按空格键（或右击、或按回车键），指定旋转中心，指定旋转角度，按回车键完成旋转操作。

### 6.1.7　缩放命令

缩放是将图形对象按一定比例放大或缩小。启动缩放命令后，选取要缩放的对象，并指定缩放基准点。如图 6.8 所示。

缩放
放大或缩小选定对象，缩放后保持对象的比例不变
要缩放对象，请指定基点和比例因子。基点将作为缩放操作的中心，并保持静止。比例因子大于 1 时将放大对象，比例因子介于 0 和 1 之间时将缩小对象。

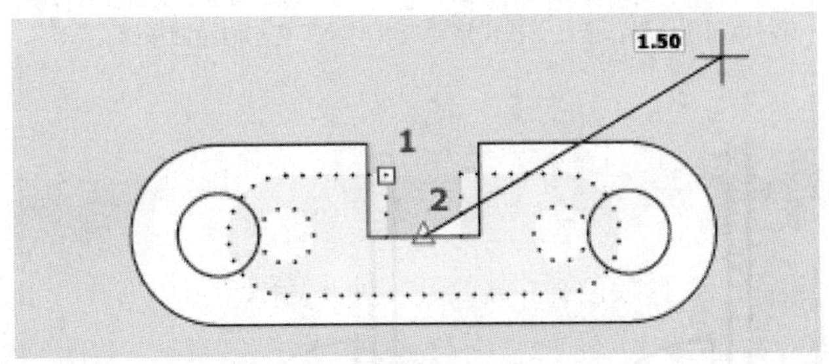


图 6.8

### 6.1.8　阵列命令

阵列是将选中的图元按矩形或环形的排列方式大量复制。单击“阵列”按钮，系统弹出“阵列”对话框，AutoCAD 提供了矩形阵列、环形阵列和路径阵列三种方式。

矩形阵列具体用法如下：

在命令行输入阵列命令，选矩形阵列，选择要复制的对象，输入行数和列数，设置行间距、列间距、阵列角度，单击“确定”按钮，完成矩形阵列。

环形阵列具体用法如下：

在命令行输入阵列命令，选环形阵列，选择要复制的对象，确定阵列中心点，设置数量和角度，如果勾选“复制时旋转项目”旋转对象，不仅围绕旋转中心“公转”，还“自转”，单击“确定”按钮完成环行阵列。如图 6.9 所示。

路径阵列的具体用法如下：

单击“路径阵列”按钮，在命令提示行提示选择阵列对象后，再选择路径，可看到路径阵列的效果。

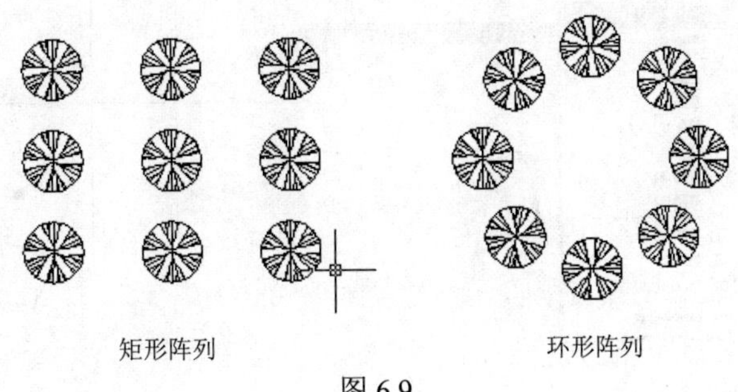


图 6.9

### 6.1.9 修剪工具

以某些对象作为边界，将另外一些对象的多余部分清除。调用快捷键命令为 TR。单击“修剪”按钮，工具如图 6.10 所示。

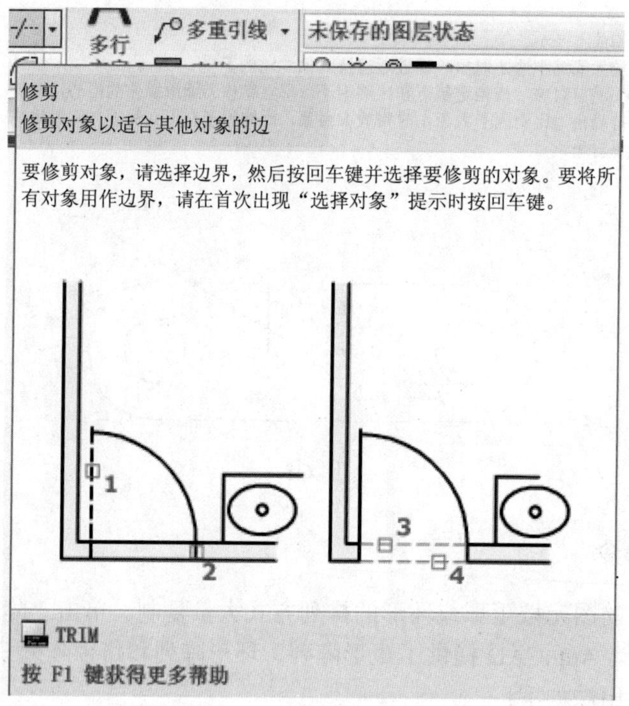


图 6.10

具体用法如下：

在命令行输入修剪命令，选择目标线，按空格键（或右击、或按回车键），选择要修剪的部分，单击“确定”按钮，完成修剪。如图 6.11 所示。

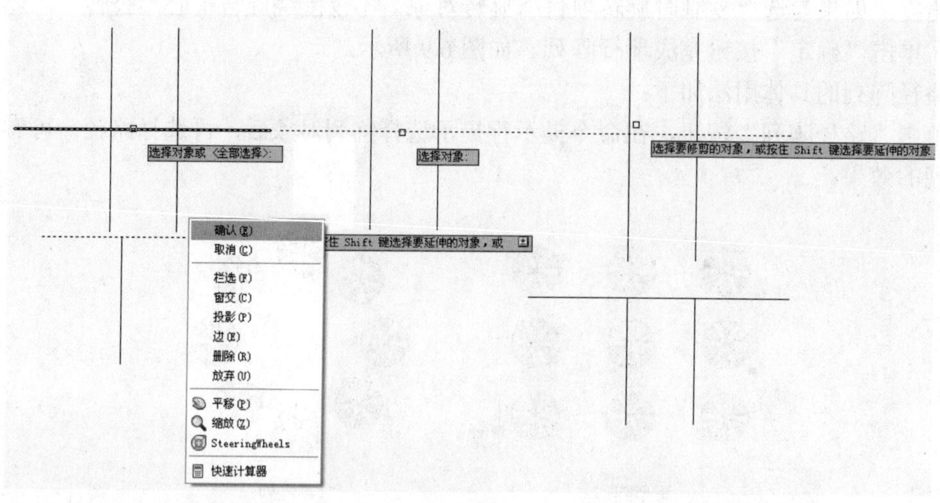


图 6.11

### 6.1.10 拉伸对象

拉伸命令是将图形中的一部分拉伸、移动或变形，其余部分保持不变，如图 6.12 所示。在选择对象时只能用 C 或 Cp 窗口模式选取对象，全部在窗口内的图元不做变形，只做移动，窗口外的图元发生变形，变形过程中窗口外的端点总保持不动。

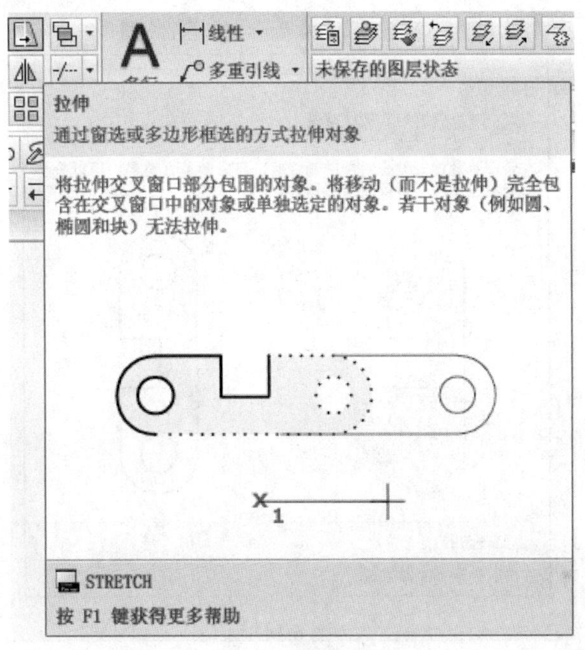


图 6.12

具体用法如下：

在命令行输入拉伸命令 S，反选（从右上角到左下角），按空格键（或右击、或按回车键），拖动要移动的部分，如图 6.13 所示。

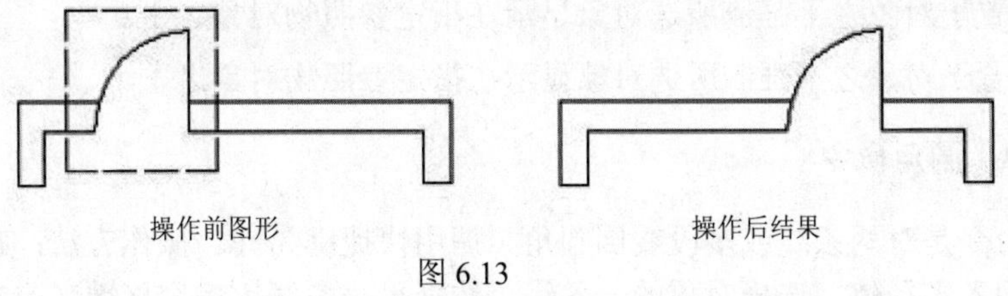


图 6.13

### 6.1.11 延伸命令

延伸对象，以适合其他对象的边。以某些图元为边界，将另外一些图元延伸到此边界，可以看成修剪的反向操作。

具体用法如下：

在命令行输入延伸命令，选择目标线，按空格键（或右击、或按回车键），选择要延伸的对象。

### 6.1.12 分解命令

将复合对象分解为其部件对象。该命令如图 6.14 所示。

具体用法如下：

在命令行输入分解命令 SC，选择要分解的对象，按空格键（或右击、或按回车键）。

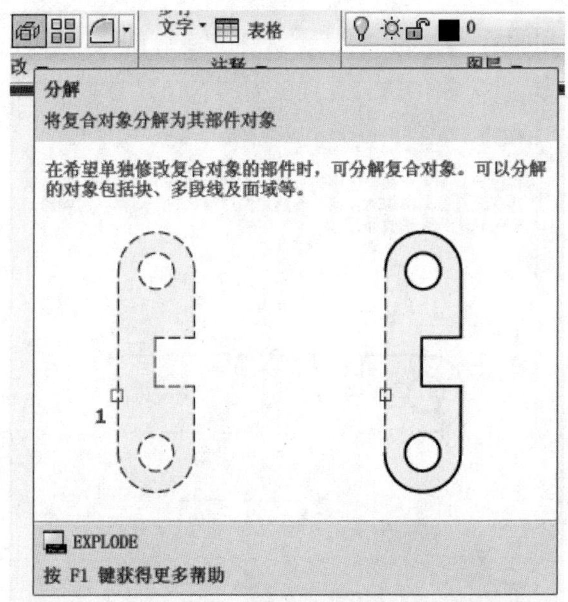


图 6.14

### 6.1.13 前置（后置、置于对象之上、置于对象之下）

（1）前置强制所选对象在所有对象之前。

（2）后置强制所选对象在所有对象之后。

（3）置于对象之上强制所选对象显示在指定参照物对象之上。

（4）置于对象之下强制所选对象显示在指定参照物对象之下。

### 6.1.14 圆角命令

圆角命令是对两条线或多段线倒圆角。调用快捷键为 F。操作方法：在命令行输入圆角命令，输入半径值，选择对象的一条线，选择另一条线，按空格键（或右击、或按回车键）如图 6.15 所示。

命令行中的显示如下：

命令: _fillet

选择第一个对象或 [放弃(U)/多段线(P)/半径(R)/修剪(T)/多个(M)]: r

指定圆角半径 <25.0000>: 25

选择第一个对象或 [放弃(U)/多段线(P)/半径(R)/修剪(T)/多个(M)]:

选择第二个对象，或按住 Shift 键选择对象以应用角点或 [半径(R)]:

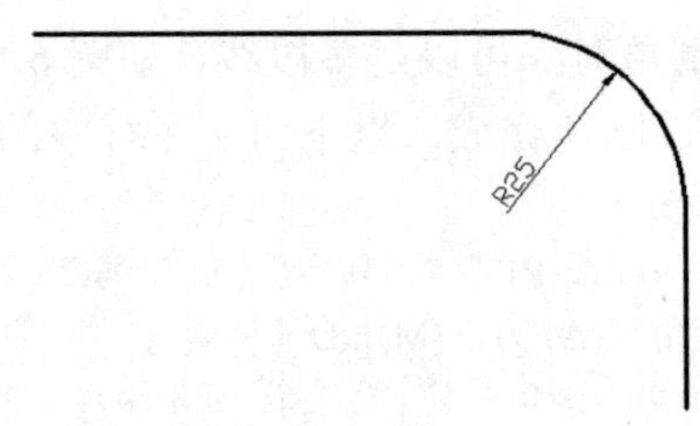


图 6.15

以下为选择“多段线（p）”的执行过程，如图 6.16 所示。

命令: _fillet
选择第一个对象或 [放弃(U)/多段线(P)/半径(R)/修剪(T)/多个(M)]: r
指定圆角半径 <25.0000>: 10
选择第一个对象或 [放弃(U)/多段线(P)/半径(R)/修剪(T)/多个(M)]: p
选择二维多段线或 [半径(R)]:
4 条直线已被圆角

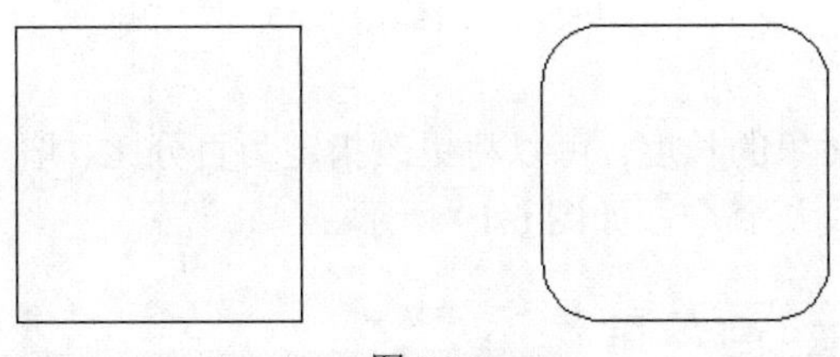

图 6.16

### 6.1.15 倒角命令

倒角是对两条线或多段线倒斜角。倒角命令是一个比较特殊的命令，调用快捷键为CHA。具体用法如下：

在命令行输入倒角命令，输入 D，输入要修剪的第一条边的距离，输入要修剪的第二条边的距离，按空格键（或右击、或按回车键），选择一条边，再选另一条边，如图 6.17 所示。

以下为不同数值倒角的结果，命令行中显示为：

命令: _chamfer
选择第一条直线或 [放弃(U)/多段线(P)/距离(D)/角度(A)/修剪(T)/方式(E)/多个(M)]: D
指定 第一个 倒角距离 <0.0000>: 20
指定 第二个 倒角距离 <20.0000>: 30

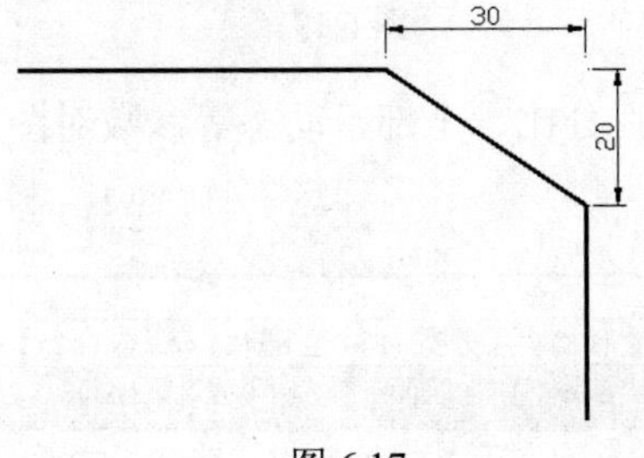


图 6.17

选择“多段线（P）”，倒角对象可以是多段线，如图 6.18 所示，（a）图是一个矩形，也就是多段线，（b）图是通过倒角完成，以下为命令行中的显示：

命令: _chamfer

选择第一条直线或 [放弃(U)/多段线(P)/距离(D)/角度(A)/修剪(T)/方式(E)/多个(M)]: P

选择二维多段线或 [距离(D)/角度(A)/方法(M)]: D

指定 第一个 倒角距离 <20.0000>: 20 指定 第二个 倒角距离 <20.0000>: 20

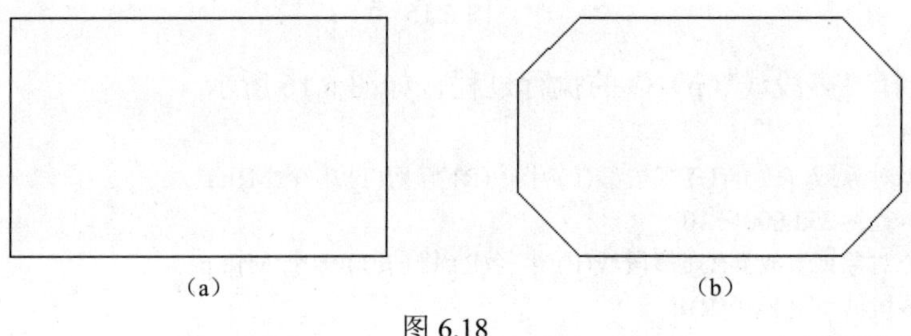

（a）　　　　（b）

图 6.18

### 6.1.16 拉长命令

拉长是改变或获得对象的长度。可以将更改指定为百分比、增量、总长度和动态拉长。选择“修改”菜单中的拉长命令，如图 6.19 所示。

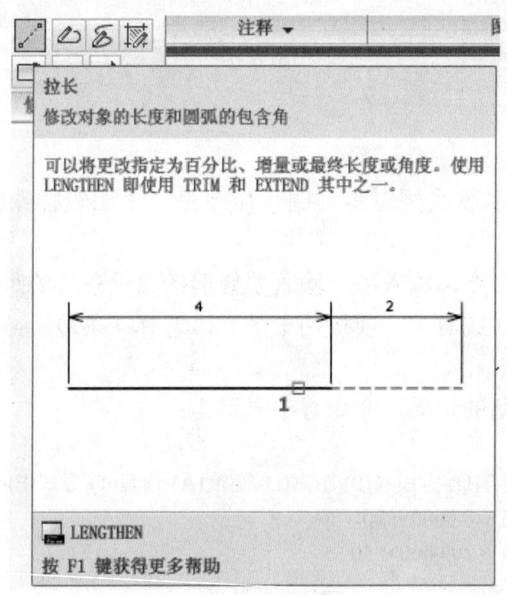


图 6.19

命令行会提示根据增量、百分比、全部、动态等参数对图形进行相应修改。如图 6.20 所示。

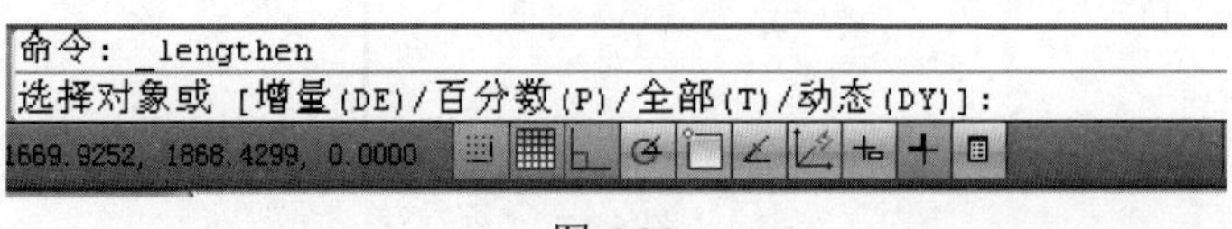


图 6.20

具体用法如下：

在命令行输入命令，选择百分比、增量、总长度或动态拉长选项中的一项，根据提示设置相应参数，再选择要拉长的线。

### 6.1.17　删除命令

从图形删除对象，选修改面板中的删除命令，再选择要删除的对象，调用快捷键为 E，如图 6.21 所示。也可以在没有选择对象的情况下，输入相关选项，如输入 L，删除绘制的上一个对象；输入 P，删除前一个选择集；输入 ALL，删除所有对象。

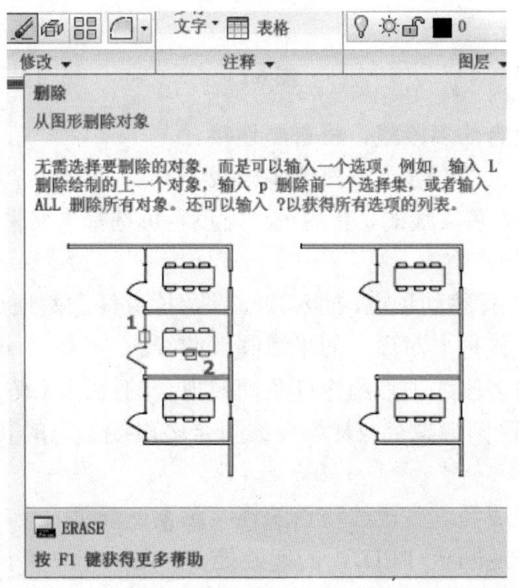


图 6.21

### 6.1.18　编辑多义线

编辑多义线功能可以合并相互连接的直线、圆弧或另一条多段线，也可以打开或闭合多段线，以及移动、添加或删除单个顶点来编辑多段线。如图 6.22 所示。

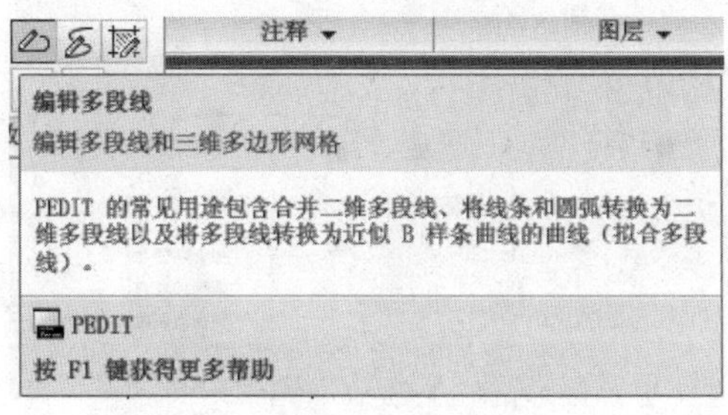


图 6.22

具体用法如下：

选择要编辑的多段线，输入编辑多段线命令，或键入 pedit，弹出如图 6.23 所示的编辑选项，根据修改目的，选择相应的选项进行修改。

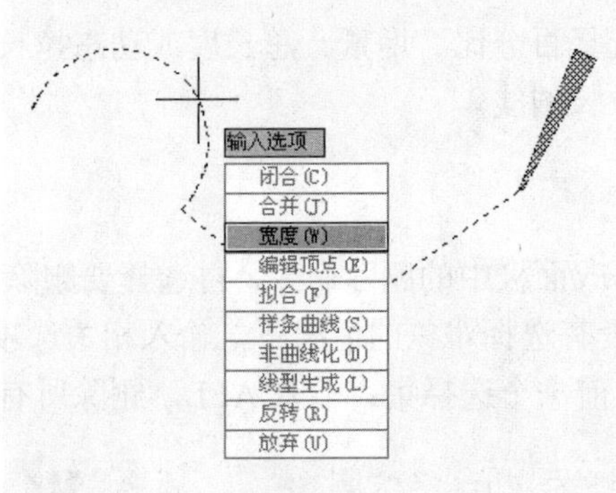


图 6.23

（1）闭合：创建闭合的多段线，将首尾连接。

（2）合并：合并连续的直线、圆弧或多段线。

（3）宽度：指定整个多段线的，新的统一宽度，可选择“编辑顶点”→“宽度”命令，修改线段的起点宽度和端点宽度。

（4）编辑顶点：可进行移动顶点、插入顶点以及拉直任意两顶点之间的多段线等操作。

（5）拟合：创建连接每一对顶点的平滑圆弧曲线。

（6）样条曲线：将多段线顶点用作样条曲线拟合的控制点或控制框架。

（7）非曲线化：删除圆弧拟合或样条曲线拟合多段线插入的其他顶点，并拉直所有多段线线段。

（8）线型生成：生成经过多段线顶点的连续图案的线型。

（9）放弃：将操作返回至 PEDIT 的起始处。

（10）退出：结束命令。

### 6.1.19 编辑样条曲线

在“修改”下拉命令下，光标指向“编辑样条曲线”按钮，展示出如图 6.24 所示的关于编辑样条曲线的相关信息。

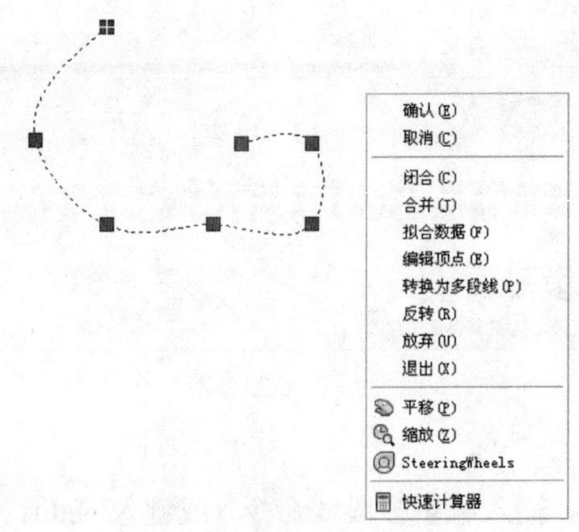


图 6.24

当绘制好样条曲线后，需要进行编辑，如图 6.25 所示，选择样条曲线后，单击上面的三角，有“拟合”和“控制点”两个选项，根据需要选择不同的控制方式。

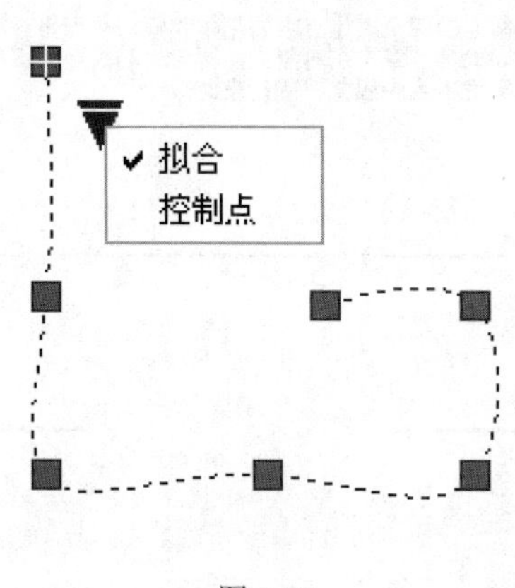


图 6.25

样条曲线的各选项意义。

（1）拟合数据：为所选定的样条曲线提供一系列编辑拟合数据的选项。

（2）闭合：闭合一个开放的样条曲线，如果样条曲线没有相同的起点和终点，则 AutoCAD 添加一条相切于两个点的曲线；如果起点和终点相同，AutoCAD 则会在这个点处闭合曲线。

（3）打开：打开一个闭合的样条曲线，如果起点和终点是相同的点，AutoCAD 则删除这个点的相切信息。如果一条闭合的样条曲线是由原来开放的样条曲线修改成的，则删除起点和终点之间有相切信息的曲线。

（4）移动顶点：将所选的控制点移动到新的位置。AutoCAD 亮显第一个控制点，然后可以选择想要移动的控制点，并确定它的新位置。

（5）精度：为精确调整所选的样条曲线提供一系列选项。添加控制点、提高阶数、权值。

（6）反转：反转样条曲线的方向。

（7）放弃：取消上一次编辑操作。

（8）退出：接受样条曲线命令。

### 6.1.20 编辑图案填充

“编辑图案填充”命令可以修改图案填充对象现有的图案、比例和角度。

### 6.1.21 打断命令

“打断命令”是在两点之间打断选定的对象，即将线、圆和弧断开成为两个部分，如图 6.26 所示，调用快捷键为 BR。单击“打断”按钮，根据提示选择需要断开的对象即可。

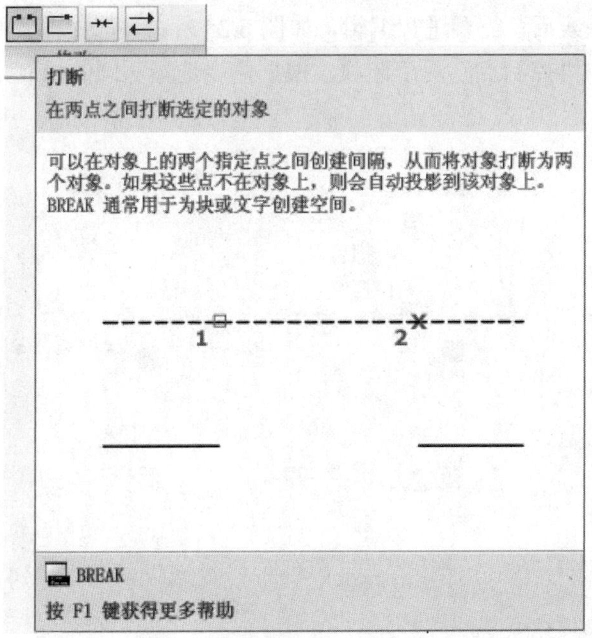


图 6.26

具体用法如下：

在命令行输入命令 BR，选择对象，指定第一个打断点，指定第二个打断点，指定点的时候注意顺时针与逆时针的区别，如图 6.27（a）、（b）、（c）所示为顺时针指定点，如图 6.27（d）、（e）、（f）所示为逆时针指定点。

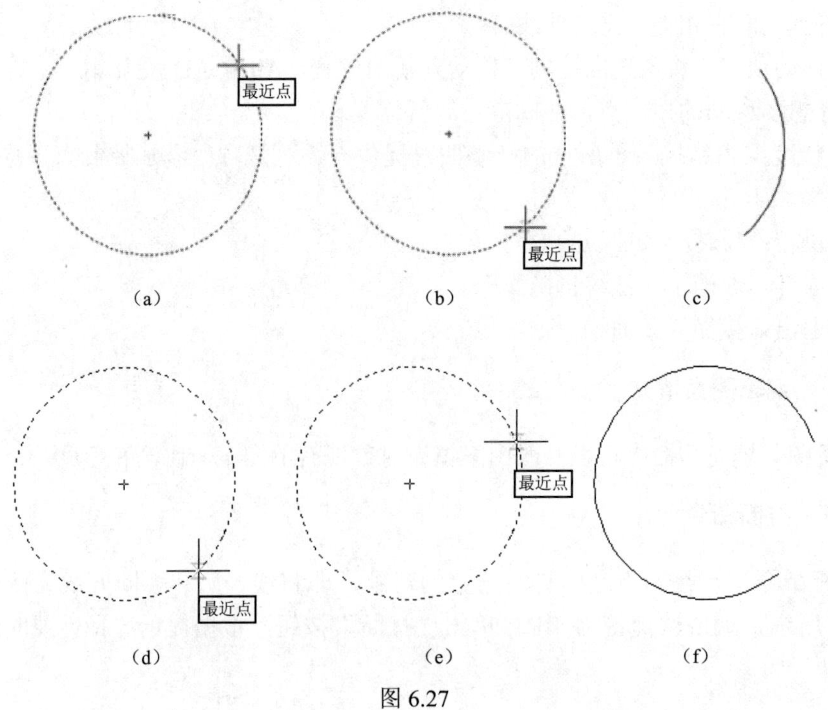


图 6.27

### 6.1.22 打断于点

在一点打断选定对象，不能在一点打断封闭对象。

### 6.1.23 对齐命令

对选定的对象通过平移和旋转操作使其与指定位置对齐。调用快捷键为 AL。如图 6.28 所示。具体用法如下：

在命令行输入命令 AL，选择对象，指定第一个源点，指定第一个目标点，指定第二个源点，指定第二个目标点，指定第三个源点……基于对齐点缩放对象选 Y，否则选 N，如图 6.28 和图 6.29 所示。

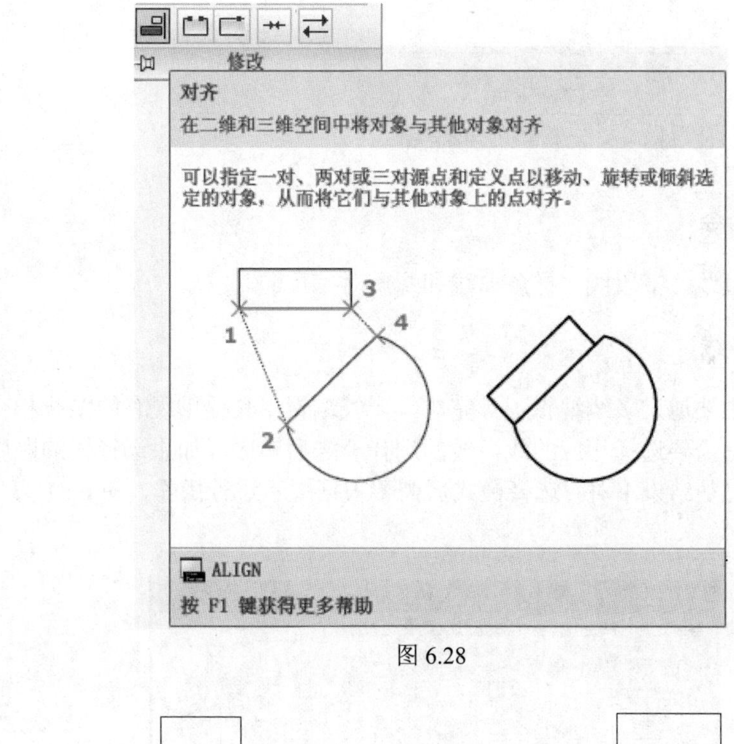


图 6.28

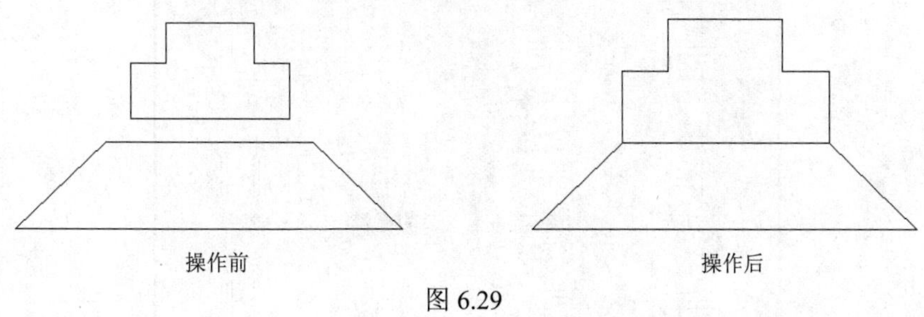


图 6.29

### 6.1.24 合并命令

合并在同一平面上的相似对象以形成一个完整的对象。如图 6.30 所示。

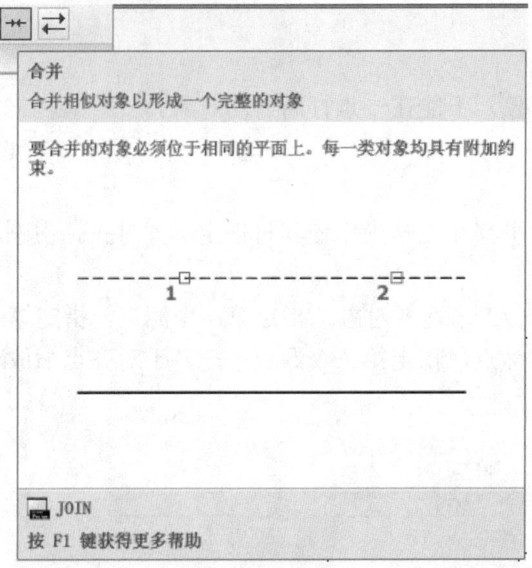


图 6.30

### 6.1.25 反转命令

反转命令是使直线、多段线、样条曲线和螺旋对象反向。

### 6.1.26 编辑多线

编辑多线命令主要通过多线编辑工具完成，多线编辑工具提供现有的多线相交模式，选择需要的模式后，需要选择相应的线，线的选择有先后顺序，如果选择线的顺序不对，有的是没反应，有的是结果不对，选择模式后需要根据提示进行操作，图 6.31 为“多线编辑工具”对话框。

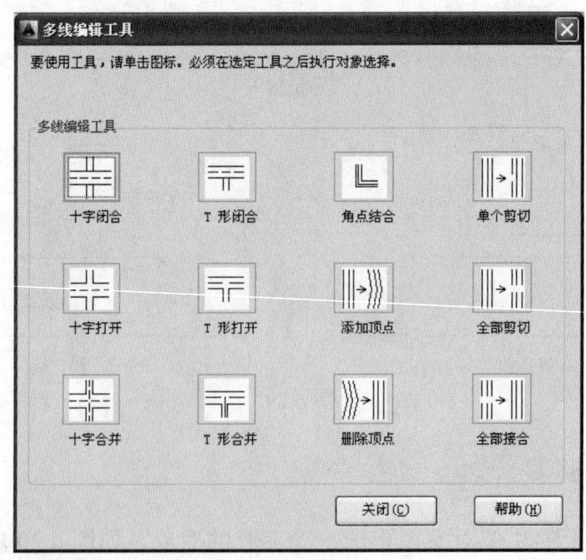


图 6.31

如图 6.32 所示为同一个模式下，单击不同位置得到的结果，其中标示 1 为先单击的线，标示 2 为后单击的线，选择的是“角点结合”模式。

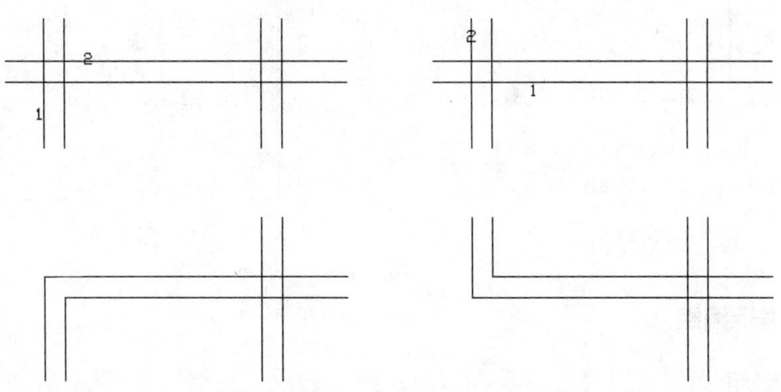


图 6.32

如图 6.33 所示为“T 形合并”模式，需按图（a）的顺序进行操作。

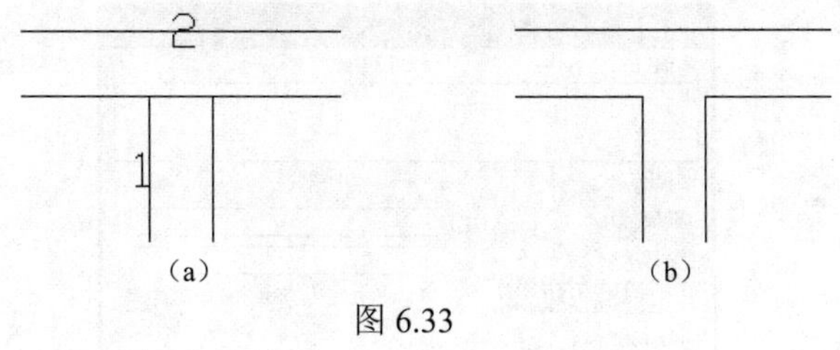


图 6.33

## 6.2　对　象　编　组

组是不同的对象集合，作为图形的一部分保存在图形中。把对象编组后，就可以将其作为一个对象进行选择。在创建编组时，可以定义是否选择编组；如果创建了编组，选择编组中的任意一个对象就选择了整个编组。与其他的选择集不同，编组是随图形保存的。

一个对象可以是多个编组的成员。例如，一个代表椅子的组合对象即可是 chair 编组的成员，也可以是 workstation 编组的成员，可以列出一个对象所归属的全部编组，或亮显所选编组的全部组成对象，编组成员按编号排序。

### 6.2.1　创建编组

创建编组的方法是在命令行中输入命令 G，启动 group 命令，或者单击“工具”→“组”命令。编组命令启动后，可依次单击需要编组的对象。如图 6.34 所示为没有编组的对象，选择一个对象不影响其他对象，如图 6.35 所示为被编组的对象，单击一个图形，其他同组的图形都被选中。

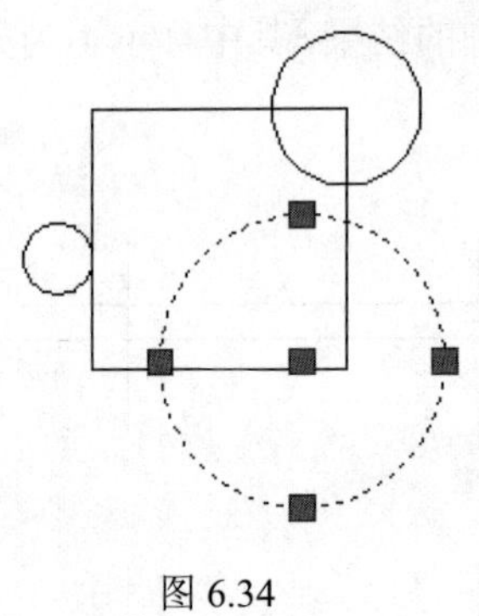
图 6.34

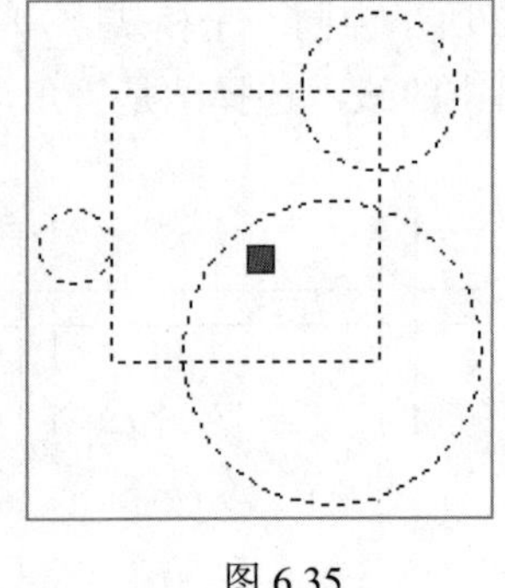
图 6.35

### 6.2.2 编辑编组

（1）命名组。

单击组编辑工具栏中的“命名组”命令，弹出如图 6.36 所示的“对象编组”对话框，可以为组编组名，也可以创建编组或者重排编组。“查找名称”命令，可以用来查找所选择组的名称。并可看到组队说明。

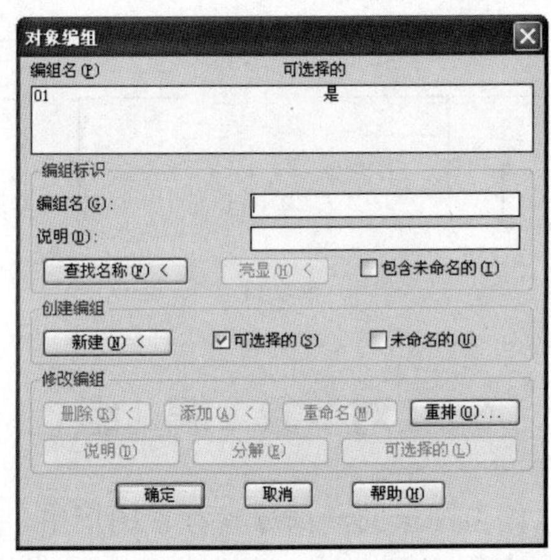

图 6.36

（2）组编辑。

编辑组主要是增加或者减少组中的对象，单击编辑组按钮再选择组，命令行显示“添加对象(A)/删除对象(R)/重命名(REN)”，可根据需要删除组中的对象或者将组外对象加入该组或者修改组的名称。

（3）解除编组。

在工具栏中单击“解除编辑”按钮，提示选择需要解除的组，单击，该组就解除了，恢复到单独一个个对象的状态。

（4）组选择。

组创建好后，有选择属性，也就是组的属性是可选的，还是不可选定，如果组的属性为不可选，用选择工具时每个对象都可单独选择，如果组的属性为可选择，选择组中的某个对象，整个组的对象都会呈现选择状态。

# 6.3 对 象 特 性

在某些情况下，只需要修改对象的外观，不需要修改对象的物理几何尺寸。例如，将对象放置在不同的图层上或者使用不同的颜色和线性进行绘制，这时根本不需要删除并重新绘制这个对象，只需要修改这个对象的特性即可。

另外，可以为许多图形元素配置名称，如线型、视图和视口。此外，还可以为块、尺寸标注样式、文字样式以及用户坐标系（UCS）赋予名称。当命名完这些图形元素后，就可以修改这些图形元素的名称。如果在图形中所创建的命名项目以后不会用到，为了缩短命名图形元素列表的长度，可以把它们从图形中删除，如图 6.37 和图 6.38 所示。

图 6.37

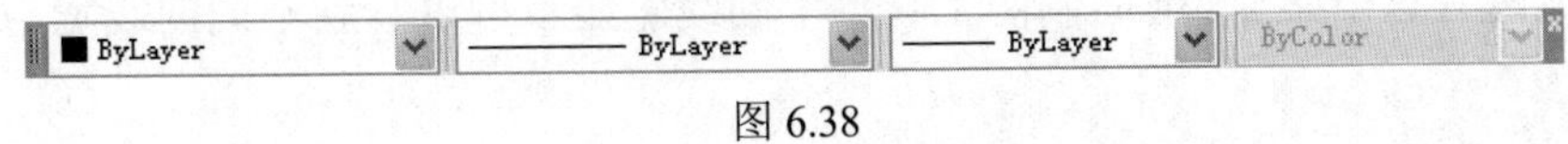


图 6.38

## 6.3.1 修改对象的特性

打开“对象特性”工具栏，可对颜色、线型、线宽和打印样式进行修改，还可打开“特性”窗口修改属性。工具栏中的特性工具栏包括对象颜色、线性和线宽。在标准工具栏中有特性按钮，可打开特性窗口，其中的设置选项较多，不仅包括特性工具栏中的项目，还有图层，对象尺寸等修改。

对象特性工具栏中显示的特性取决于所选择的对象，选择的对象是什么特性，特性显示栏就显示什么，当没有对象选择时，对象特性栏显示当前图层的特性。当选择多个对象时，如果所选择的所有对象都具有相同的特性，则工具栏上的控制项显示与这些对象相关的特性。如果所选择的所有对象不具有相同的特性，则相应的控制项为空白。

（1）修改图层。

先选择需要修改图层的对象，然后在特性面板中选择目标图层，所选择的对象就会进入目标图层，它的属性会随目标图层，前提是其他属性定义是随层的。在特性面板中选择图层，可单击图层右边的下拉按钮，选择目标图层，如图 6.39 所示。

（2）修改颜色。

先选择要修改颜色的对象，在特性面板中选择相应的对象，可以在完整的特性面板中操作，也可以在特性工具栏中操作。除了颜色选择以外，还有“随层”和“随块”选项，不同的选择，有不同的结果，如果直接选择颜色，对象的颜色就是所选择的颜色，如果选择“随层（bylayer）”或“随块（byblock）”，对象的颜色将和图层设置颜色统一，或者与块的颜色一致。

如图 6.40 所示，可选择不同的颜色，如果其中的颜色不够用，可单击最下端的“选择颜色...”选项，这样可以选择更多的颜色。

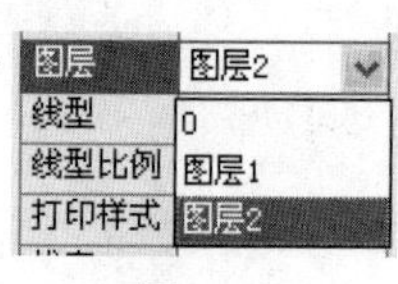

图 6.39

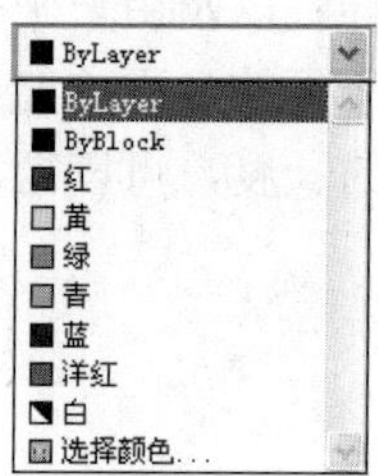

图 6.40

（3）修改线型。

先选择要修改线型的对象，再选择需要修改项目的选项，如果提供的线型不够用，打开如图 6.41 所示的“线型管理器”对话框，单击“加载”按钮，可以增加线型。线型修改也有随层和随块的选项，选择随层，线型就与层设置一样。

（4）修改线宽。

在工程制图中线宽非常重要，需要将不同的对象以不同的线宽来显示，当然，不复杂的对象就没有这个必要。辅助制图工具栏中的线宽显示可以看到不同的线宽，如图 6.42 所示。

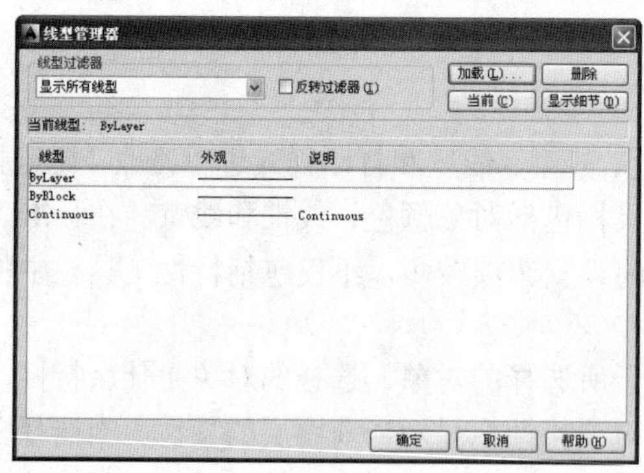

图 6.41

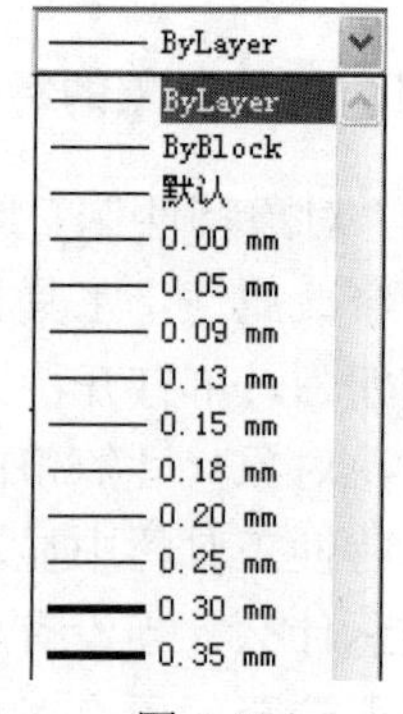

图 6.42

（5）特性窗口。

特性窗口中还有对象的材质属性，尺寸属性，注释等，还有文字的相应属性，如文字的样式，高度等。组合快捷键 CTRL+1 为显示或关闭特性窗口。

特性窗口还可以修改线型比例，当绘制一根点划线时，发现显示的还是直线，这时就要修改线型比例，线型比例可以通过在命令行输入命令 LTS，也可以修改特性窗口中的线型比例。

### 6.3.2 匹配对象特性

特性匹配是很人性化的工具，利用单击的方式改变对象的属性，如在图形中有些颜色要改成跟其中一个图形一样，需要修改的这些图形又很难一次性选择，这时就可用特性匹配工具，特性匹配工具的启动有三种方式。

（1）通过单击标准工具栏中的“特性匹配刷”。

（2）在命令行中输入命令 MA，激活 MATCHPROP 命令。

（3）在菜单中单击“修改”→“特性匹配”命令。

特性匹配的操作方式是，激活特性匹配命令后单击一个对象，第一次单击的对象为目标对象，也就是再选择的其他对象都会变成这个目标对象的属性。

## 6.4 实 例 练 习

### 6.4.1 绘制主要的结构线

新建文件后新建好图层，分别命名和设定颜色，如图 6.43 所示。

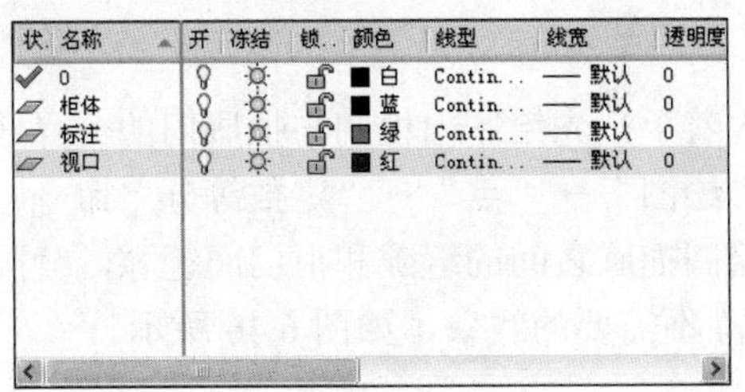

| 状. | 名称 | 开 | 冻结 | 锁.. | 颜色 | 线型 | 线宽 | 透明度 |
|---|---|---|---|---|---|---|---|---|
| ✔ | 0 | | | | 白 | Contin... | —— 默认 | 0 |
| | 柜体 | | | | 蓝 | Contin... | —— 默认 | 0 |
| | 标注 | | | | 绿 | Contin... | —— 默认 | 0 |
| | 视口 | | | | 红 | Contin... | —— 默认 | 0 |

图 6.43

选择“柜体”层，绘制一条 1800 个单位的横线，将其全部显示。命令行中显示如下：

命令: L LINE
指定第一个点:
指定下一点或 [放弃(U)]: 1800
指定下一点或 [放弃(U)]:
命令: Z ZOOM
[全部(A)/中心(C)/动态(D)/范围(E)/上一个(P)/比例(S)/窗口(W)/对象(O)] <实时>: a

画好的直线作为底边，在其上绘制竖线，构成整体框架，如图 6.44 所示。

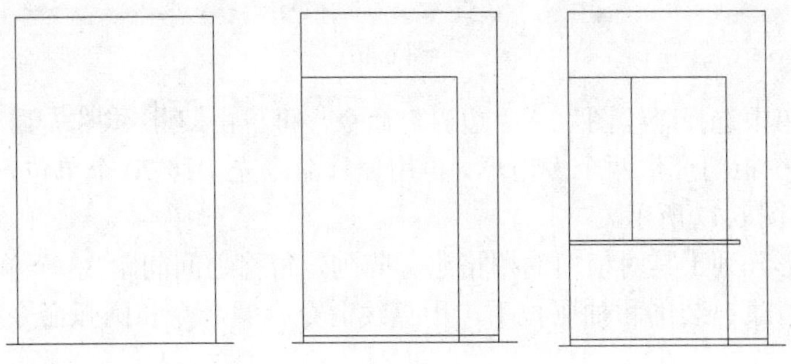

图 6.44

具体尺寸如图 6.45 所示。

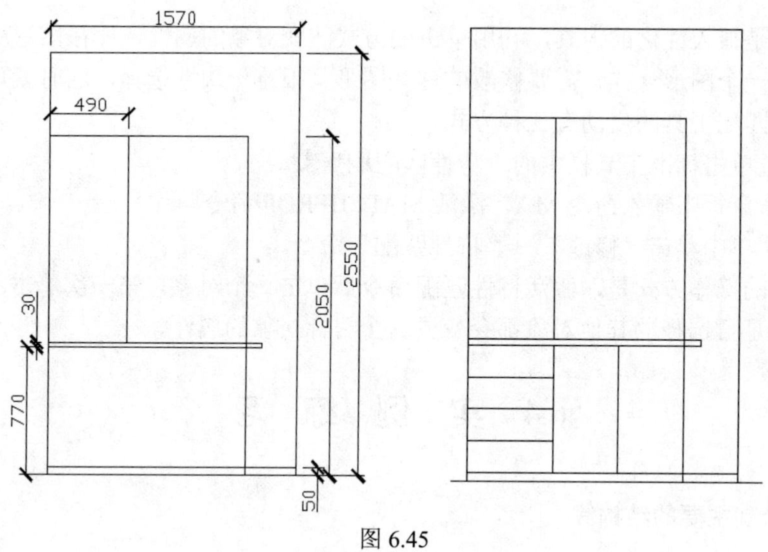


图 6.45

### 6.4.2　绘制内部细节

（1）绘制细节从框内着手，先绘制出柜门与抽屉门的分界线。

（2）从菜单中选择“绘图”→“点”→“定数等分”命令，将左边等分成 4 个抽屉。

（3）利用偏移工具绘制抽屉之间的缝隙和柜门间缝隙，缝隙为 10 个单位，绘制好后用修剪命令进行修剪，删除不需要的线条，如图 6.46 所示。

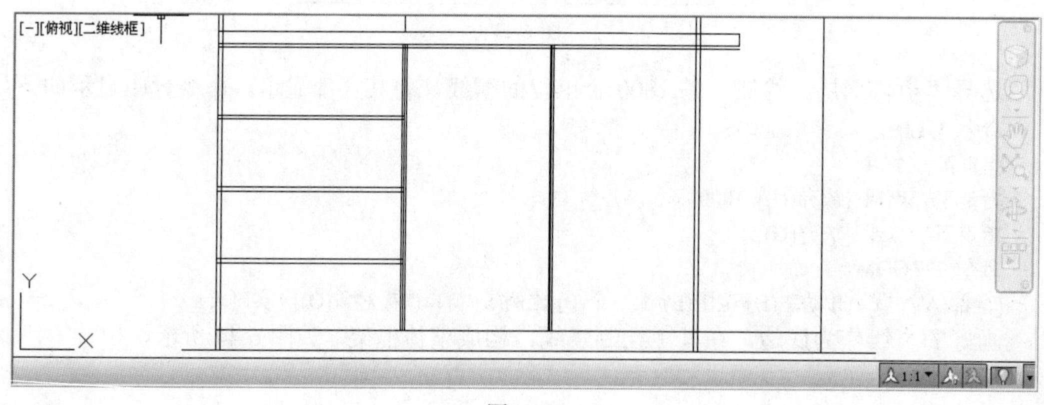


图 6.46

（4）从菜单中选择“绘图”→“边界”命令，再单击 拾取点(P) 按钮，进入面域的选取，单击两个柜门产生两个多边形，再用偏移命令先偏移 70 个单位，再偏移 5 个单位产生内边框，如图 6.47 所示。

（5）用矩形阵列工具对柜门的栅格进行阵列，每格之间间距 38 个单位。

（6）绘制背景、装饰和抽屉拉手，用直线命令、圆命令和圆弧命令完成，如图 6.48 所示。

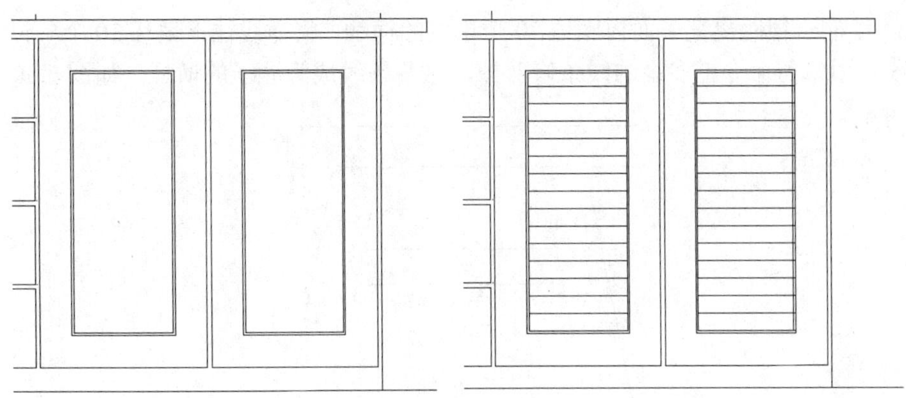

图 6.47

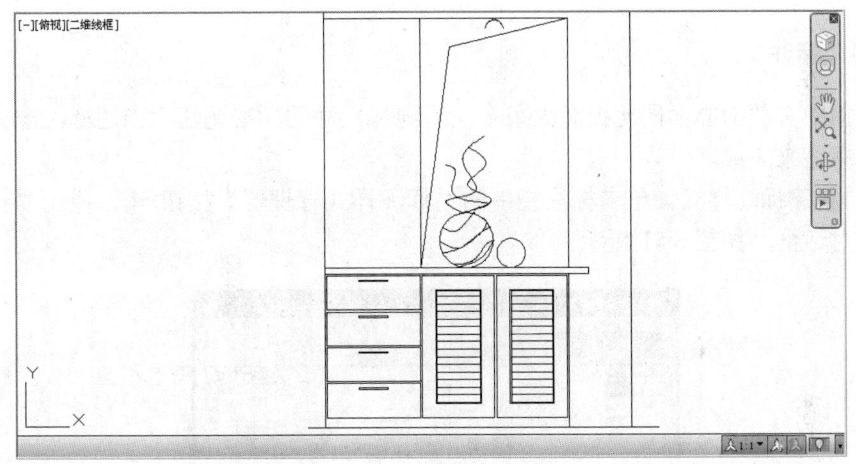


图 6.48

（7）设置线宽。一般结构性的、轮廓性的线用粗实线，内部的分割线和装饰线用细实线。在此案例中外轮廓和台面等用粗实线，其他用细实线来表现。

### 6.4.3　绘制小板凳

（1）创建凳面，用矩形工具绘制 300×35 的矩形，在离凳面 235 个单位的下方绘制等角度底边线，线的长度为 40 个单位，如图 6.49 所示。

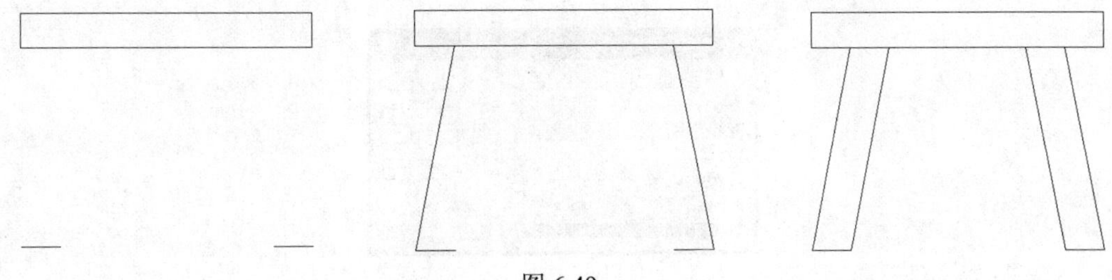

图 6.49

（2）绘制直线与底下的短线连接，间距为 40 个单位，将画好的连接线复制或者按同样的方法绘制另一条直线。

（3）绘制一根距离凳子面板底边 70 个单位的横线，将横线往下偏移 30 个单位，绘制另一条线，用修剪命令把多余的线条修剪掉，这两条线成为凳子的横杆，如图 6.50 所示。

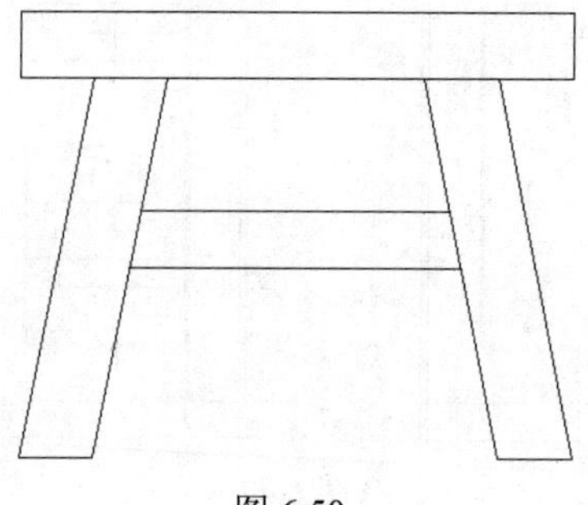

图 6.50

### 6.4.4 标注

本案例中玄关的立面图比板凳大很多，用同样尺寸的标准无法适当的标注出对象，需要用两个标注来完成。

（1）新建标注样式。单击标注栏中的“标注样式管理器”按钮，弹出“标注样式管理器”对话框，如图 6.51 所示。

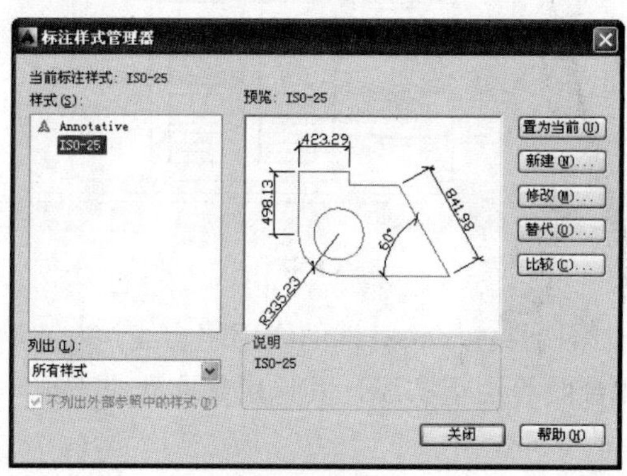


图 6.51

单击“新建”按钮，弹出“创建新标注样式”对话框，如图 6.52 所示，有三个选项，“新样式名”、“基础样式”和“用于”，其中“基础样式”就是以哪个样式为基础进行新建。

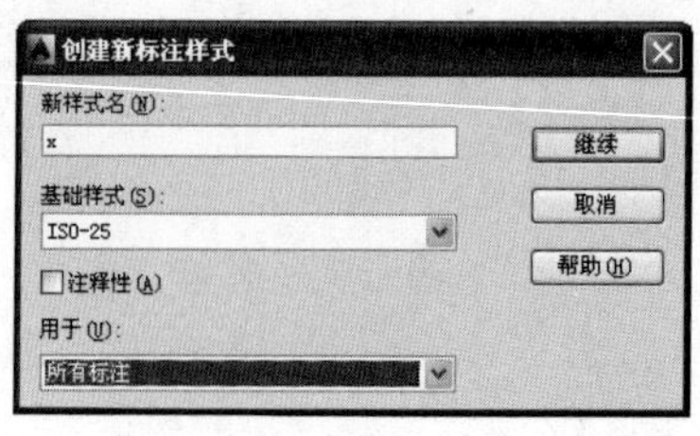


图 6.52

输入“新样式名”为 X，单击“继续”按钮，打开“新建标注样式：X”对话框，本实例中只需要将“标注特性比例”调整为 5，如图 6.53 所示。

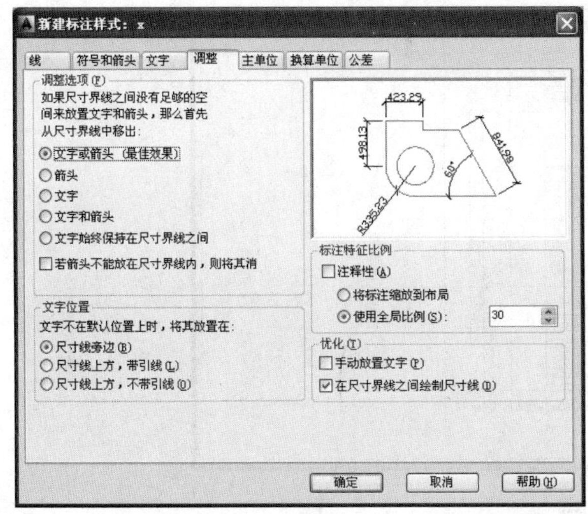


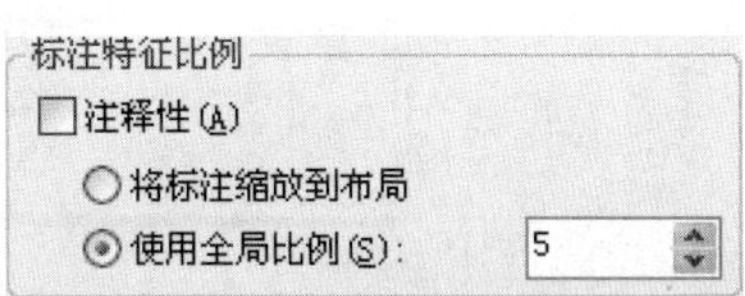


图 6.53

（2）标注对象。此处标注对象使用线性标注和快速标注，玄关的标注样式与板凳的标注样式不一样，一个用大字体的标注，一个用小字体的标注。

### 6.4.5 视口的运用

视口是当绘制对象之间大小差别很大不能以同样的大小显示在纸张或者屏幕上时使用的，可以将不同的对象以不同的比例呈现在同一个屏幕或者纸张上。

（1）使用视口首先新建一层作为视口层，目的是可以在输出时隐藏视口，因为视口有边框，如不隐藏，如果输出，边框也同时被输出。

（2）再由模型显示模式进入布局模式，视口只有在布局模式下才可编辑和有效，进入布局模式，默认有一个视口，可编辑默认的视口，也可删除重新建立的视口，布局里有默认纸张大小，可通过单击“文件”→“页面设置管理器”，在打开的“页面设置管理器”对话框中进行纸张的设置，如图 6.54 所示。

（3）新建视口。在视口工具栏中选择“新建视口”按钮，在布局中空白处拖动产生一个矩形，这个矩形就是一个视口，如图 6.55 和图 6.56 所示。

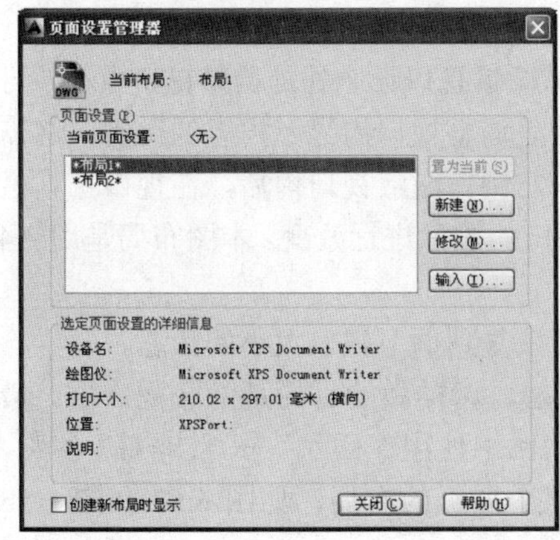


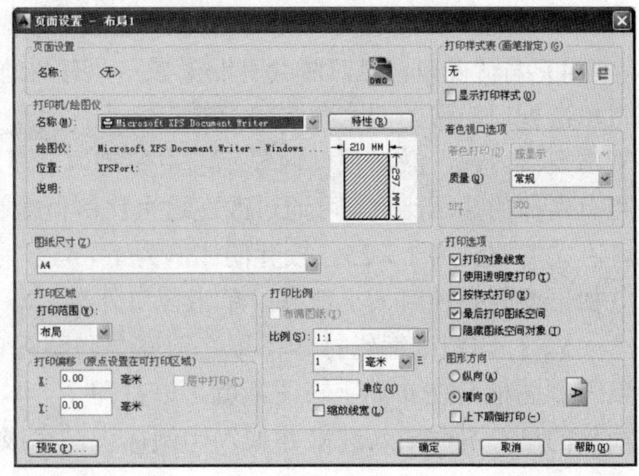


图 6.54

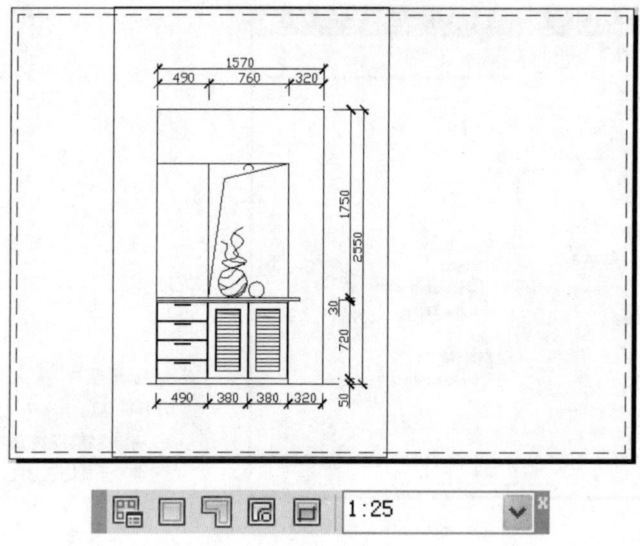


图 6.55

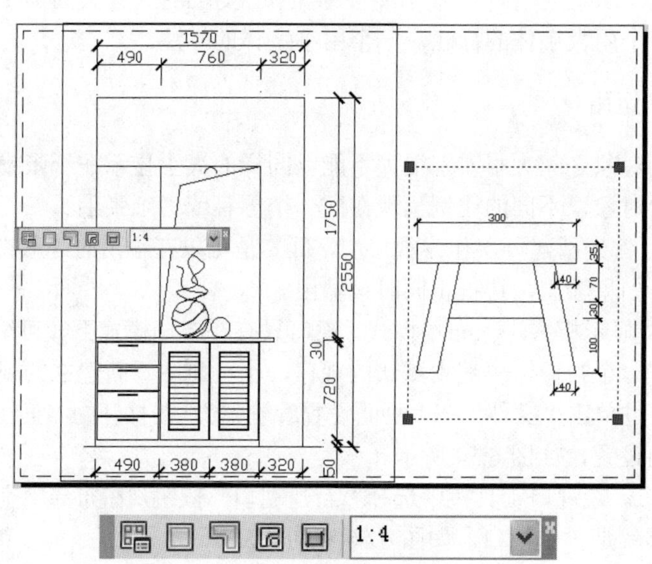


图 6.56

（4）编辑视口。视口内会有图形显示，有两处可编辑视口：一处是调整视口大小，可通过单击视口矩形的四个角来调节视口大小；另一处是调整视口内显示内容的比例，这需要双击视口内部，激活视口内显示，主要是调节显示比例，激活视口内后，在视口工具栏中可有当前的显示比例，可通过改变这个比例值对视口的显示进行改变。本图布局是用 A4 纸，玄关的比例为 1∶25，板凳的比例为 1∶4。

如果要回到视口大小状态，单击视口外部，即可恢复到调节视口大小的状态。

（5）打印图纸编辑打印图纸之前需要隐藏视口层，这样做的目的是隐藏视口框。最后倒入制图框套在布局上，图纸就可以打印了。本案例中使用“插入”→“DWG”参照，将简易的 A4 图框插入进来并加入比例标识，完成整个图纸的布局，如图 6.57 和图 6.58 所示。

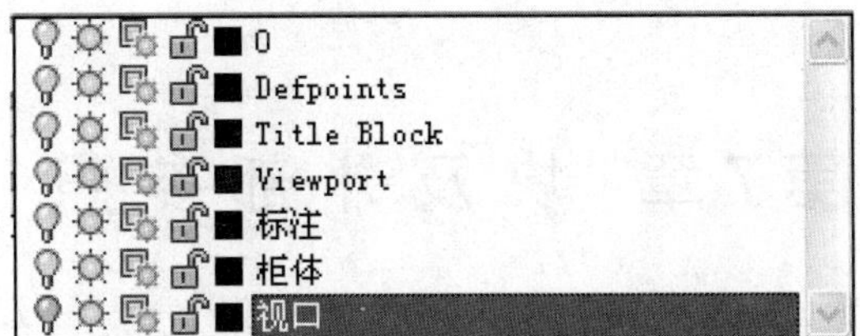
0
Defpoints
Title Block
Viewport
标注
柜体
视口

图 6.57

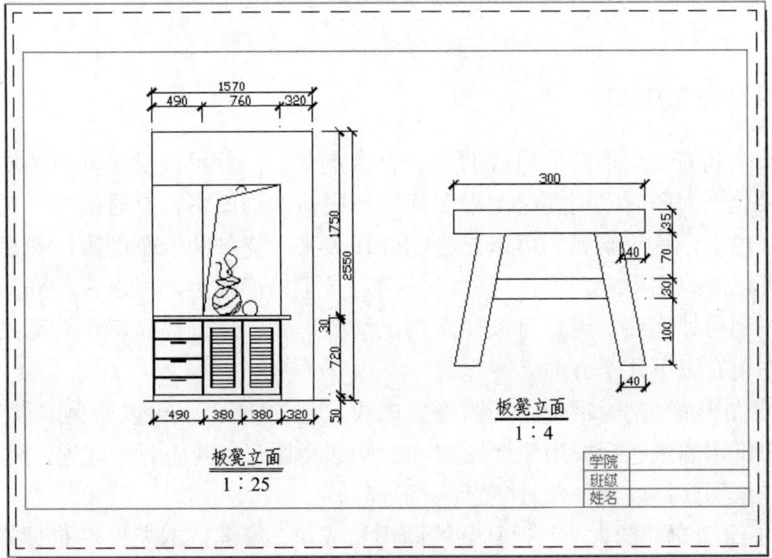
1570
490
760
320
1750
2550
30
720
50
490
380
380
320
板凳立面
1：25
300
35
40
70
30
100
40
板凳立面
1：4
学院
班级
姓名

图 6.58

# 第 7 章　块及外部参照

## 7.1　块

### 7.1.1　块的概念及作用

块是由一个到多个图形对象组成的，具有特定名称，并可以赋予其整体属性的特殊图形。在绘制绿化平面图时，需要绘制很多代表不同树木的图案，有时候同一树种在一张设计图里会重复出现，这时候我们可以先绘制好代表某一树种的一个图案，然后把它定义成块，这样就可以随时调用它。不仅如此，我们定义了外部块后，可以在不同的绘图文件里反复使用它。利用外部块，用户可以建立自己的图形库，达到提高工作效率的目的。总的来说，块的作用有以下几个方面。

（1）建立图形库。把经常使用的图形做成块，建立图形库，可以避免大量重复性工作。园林设计图中常用的块包括树木平面图案和一些通用图形（例如羽毛球场、网球场）、铺地图案和模纹花坛图案，以及一些较复杂的符号等。

（2）减小绘图文件的大小。把复杂的图形做成块，等于把本来很多的对象变成了一个对象，这样可以使文件的存储容量减小。定义的块越复杂，反复使用的次数越多，越能体现出块的优越性。

（3）便于修改和重新定义。块可以被分解为分散的对象，分散的对象又可以被编辑。如果需要，可将块重新定义块（改变块的形，但不改变块的名），并重新插入到绘图文件中，图中所有引用该块的地方都会自动更新。

（4）定义和提取属性。块可以带有文本信息，称之为属性，块的属性可以设为显示或隐藏。可以把块的属性提取出来，传送给外部数据库进行管理。例如定义一种树木的块时，可以把这种树的某些特性（如花期、花色）作为属性赋予块，当需要查看这种树的某些特性时就可以直接提取出来。

### 7.1.2　块的创建

用户创建的块可以仅供当前绘图文件使用或者把块另存为一个单独的文件，让所有的绘图文件都可以使用。前者称之为内部块，后者称之为外部块。用户如果要建立自己的图形库，只能创建外部块。

（1）创建内部块命令。该命令用于创建内部块。在绘图的时候，当发现有些绘图元素需要多次使用时，就可以考虑将它定义成内部块，在创建块之前要先绘制好准备定义成块的图形。具体用法如下：

输入创建内部块命令，起块名，拾取坐标点，单击“选择对象”按钮，选择要创建块的图形，右击结束。如图 7.1 所示。

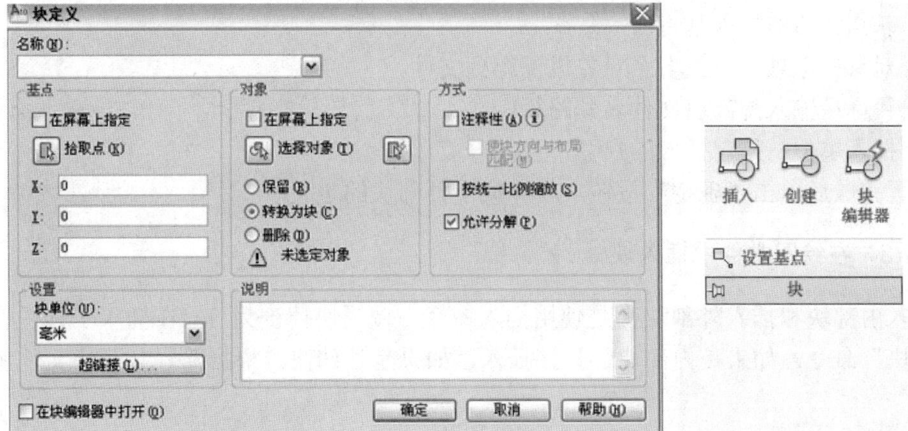


图 7.1

（2）创建外部块。外部块的作用是创建一个块，并把块当作一个单独的文件存储。要建立自己的图形库，就应创建外部块。该命令只能从键盘输入，调用快捷键为 W，如图 7.2 所示。

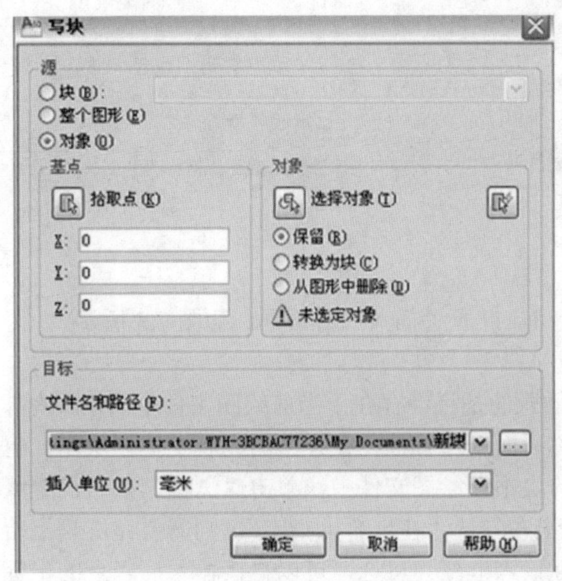


图 7.2

具体用法如下：

输入命令（W），输文件名和路径，拾取插入基点，单击“选择对象”按钮，选择要创建块的图形，右击结束。

外部块各选项如下：

1）源：这里用来指定创建块的图形来源。如果选择“块”项，则是从已经存在于当前文件中的块中选择对象作为外部块，可供选择的块在后面的选择框中列出；如果选择“整个图形”选项，则是把当前的绘图文件整个当成外部块保存；如果选择“对象”选项，则从当前绘图文件中选择物体为块。

2）基点：拾取插入基点。

3）对象：选项一个或多个对象以保存到文件。

4）目标：输入外部块文件名和路径。

5）插入单位：指定插入的尺寸单位，一般选择毫米。

设置完成后单击“确定”按钮，就完成了外部块的定义。

### 7.1.3 在绘图文件中插入块

插入内部块和插入外部块都是使用插入命令，调用快捷键为 I。在插入工具栏中单击“插入块”命令，如果是内部块，直接插入，如果是外部快，根据路径找到块文件名，再插入。

图 7.3

具体用法如下：

在命令行输入命令 I，打开“插入”对话框，如图 7.3 所示。

插入块各选项如下：

（1）名称：如果插入的是已经存在于当前绘图文件中的块，内部块或已经被插入过的外部块，可以单击名称后面的选择框，在弹出的列表中选择块名；也可以直接输入块名进行选择；如果要插入的块不在绘图文件中，单击“浏览”按钮，查找块所在的位置。

（2）插入点：如果在勾选“在屏幕上指定”，则需要在屏幕上拾取插入点。如果不选择该项，则下面的坐标输入框变为可选，可以直接输入插入点的坐标值，一般情况下都是在屏幕上拾取插人点。

（3）比例：如果在勾选“在屏幕上指定”，需在屏幕上拾取点来确定缩放的比例，一般不选择此项，而是采用输入 X，Y，Z 轴方向的缩放比例的方法。AutoCAD 允许输入不同的缩放比例，勾选“统一比例”是使 X，Y 轴的缩放比例一样，如果插入块时不希望它变形，可以选择此项。

（4）旋转：如果勾选“在屏幕上指定”，需在屏幕上指定旋转角度，否则直接在“角度”后面的输入框中输入旋转的角度值。

（5）如果勾选了左下角的“分解”，则插入的块将被分解，—般不选择此项。如果觉得当前绘图文件中的块图形不合适，可以采用更新块定义的方法进行修改。分解命令把块分解，使之成为各自独立的对象。编辑修改图形。用定义块命令重新定义块，并采用与原来相同的名称。完成该命令后会弹出警告，单击“是”按钮，块就被更新，而且所有使用该块的地方都会被更新。对于外部块，可以直接打开外部块所在文件，修改完图形后保存，再插入到绘图文件中，当弹出警告时，单击“是”按钮。

### 7.1.4 块的属性

块的属性实际上是附着于块上的文字，可以控制它显示或者不显示。块的属性可分为两种：一种是固定值的属性，这种属性在定义块的属性时其值是固定的，每次在绘图文件中插入块时都按预设的值跟着插入；另一种是可变属性，当用户在绘图文件中插入带有可变属性的块时，会在命令提示行要求用户输入属性的值。如图 7.4 所示。

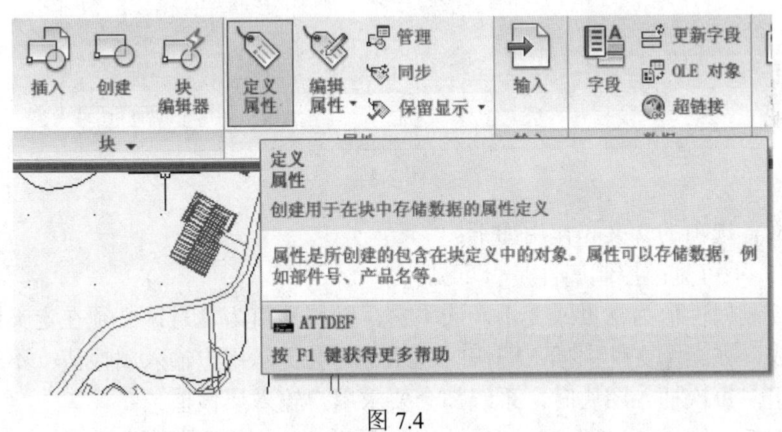


图 7.4

块属性在园林设计绘图中应用的一个例子是，在定义树木平面图块时，可以把树木的树径、冠幅、树高等参数作为属性附着在图块上，统计树木清单时，可以提取属性值进行处理。在实际工作中，属性可以给后期的统计工作带来极大的便利。假设建立的树木图形库图块都带有苗木规格的属性信息，在完成绘图工作后可以把图块的属性输出成文本文件或 Excel 电子表格文件，自动生成苗木统计表，这将大大缩短统计苗木的时间。最后还可以把 Excel 电子表格文件用 OLE 方式插入到绘图文件中，则苗木表不仅可以单独编辑和打印，也可以作为平面图的一部分一起打印。当然，属性的应用绝不仅仅是统计苗木，凡是需要重复使用的图形元素，如果最后需要统计它的信息，都可以使用定义块属性来处理。

（1）定义属性前的准备。当一个要定义成带属性图块的图形绘制好之后，接下来要计划好属性的内容，一个图块可以带有多个属性。此外，在定义属性之前，应该定义好一种用于书写属性的文字样式。为了后期处理方便，建议用于输入属性的文字样式采用 True Type 字体，不要使用矢量字体。

（2）创建属性。创建属性的命令调用方法如下：

在命令行输入 ATTDE 命令，或单击“定义属性”按钮，打开“属性定义”对话框，如图 7.5 所示。

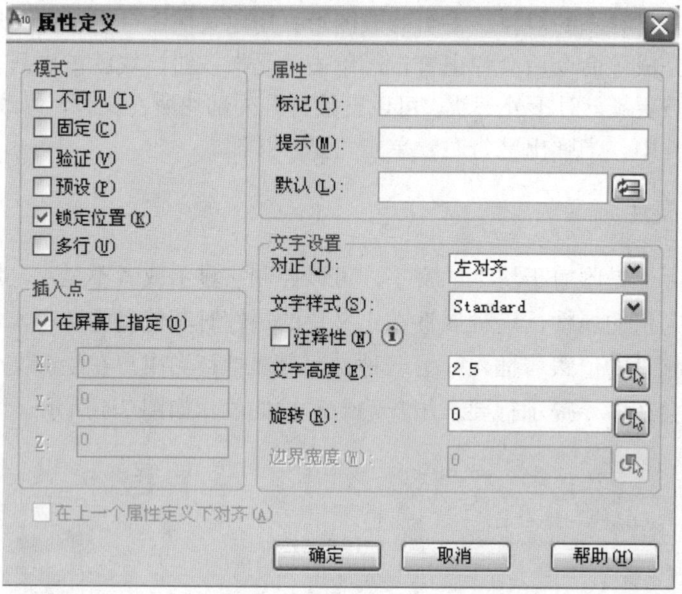

图 7.5

属性定义各选项的含义和作用如下：

1）模式。不可见：控制属性是否可见。

固定：控制属性值为常量或变量，选中它，则属性值为常量，必须在定义图块属性的时候输入完成，在绘图文件中插入图块时，系统不会提示用户输入属性值；不选中它，则属性为变量组，每次插入图块时，系统都会要求用户输入属性值。

验证：在插入图块的过程中验证属性值是否正确，一般不需要选中它。

预设：允许在插入块的时候不请求输入属性值，在插入块时将自动填入默认值，如果没有指定默认值，则留空。

2）属性。标记：用于输入属性的标识，相当于是属性的标题；但它在插入图块时不论属性设置为可见还是不可见都不显示。

**提示**：用于输入提示信息，当用户插入带有变量属性的图块时，将会在命令提示行看到这里输入的文字。例如输入："请输入树木的高度:"。在勾选了"固定"的情况下，提示显示为灰色，不可用。

3）插入点。勾选则在屏幕上指定，在屏幕上拾取插入点。

4）文字选项设置。对正：用于指定属性文本对齐的方式，如果把属性插入点定在图块的右边，可以选择左对齐。

文字样式：用于指定属性文本使用的文字样式。

高度：用于指定文字高度，若选择的文字样式已经指定了高度，则该项无效。

旋转：用于指定文字旋转的角度，一般不旋转文字，即该项设为 0。

如图 7.6（a）所示为定义属性的例子，给树平面图块定义了胸径、冠幅、树高 3 个属性，该图是在定义图块之前的情形，显示的是属性的标签。如图 7.6（b）所示为设置树高属性时的情形。

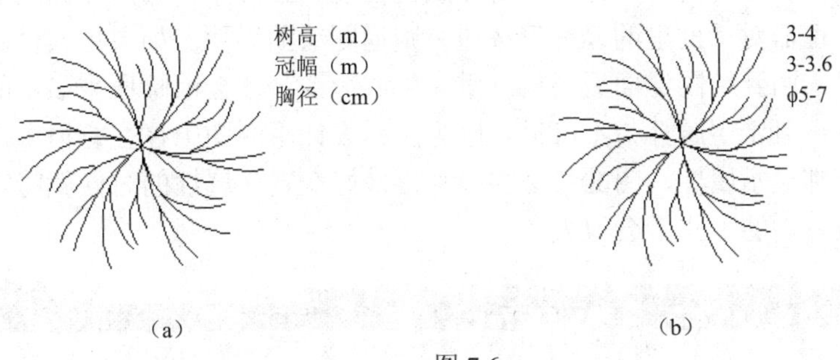


图 7.6

（3）为图块赋属性。在定义图块时，把属性也选择进去成为图块的一部分。如果是为已经存在的图块赋属性，则必须生成一个新的图块，而不能采用和原来图块相同的名字。

（4）插入带属性的图块。插入带常量属性图块的方法和插入一般图块的方法一样，插入带有变量属性的图块时，系统会在插入过程中提示输入属性的值。提示出现的顺序跟定义图块时选择属性的顺序有关，先选择的属性先出现提示。

（5）编辑属性及控制属性的可见性。在绘图文件中插入了带属性的图块以后，还可以修改属性值，并可控制属性的可见性。编辑属性的方法如下：

单击“块编辑器”按钮，打开“块属性管理器”对话框，编辑块（在“插入”工具栏中单击“块编辑器”命令），然后选择要编辑的块名字，对块进行编辑，如图 7.7 和图 7.8 所示。

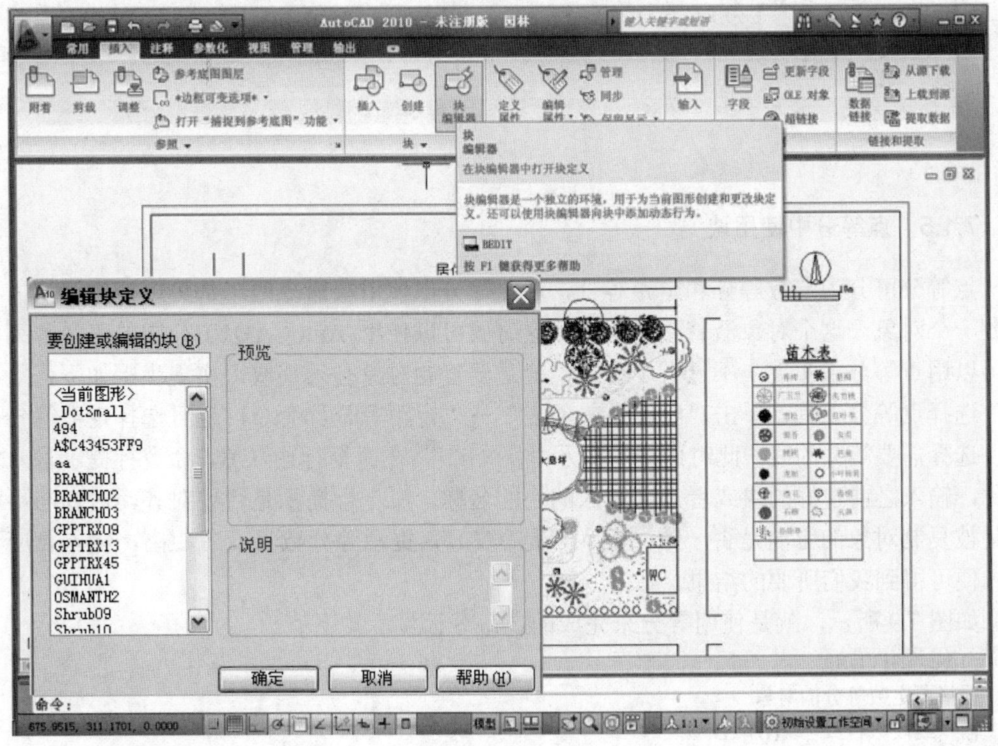


图 7.7

在这里可以修改属性的内容及特性，每项属性只能单独修改，修改完图块的所有属性后，单击块属性管理器对话框里的“好”按钮，则返回绘图界面。如果把属性由原来的可见设置成了不可见，回到绘图界面后要执行重新生成命令，才会消除原来显示的属性。对于树木平面图块，一般希望属性为不可见，因为园林设计平面图中往往有很多排列得很紧密的树木图块，若都显示属性，图面势必很混乱，最好在定义属性的时候就将它设为不可见，否则后期修改属性的工作量会很大。

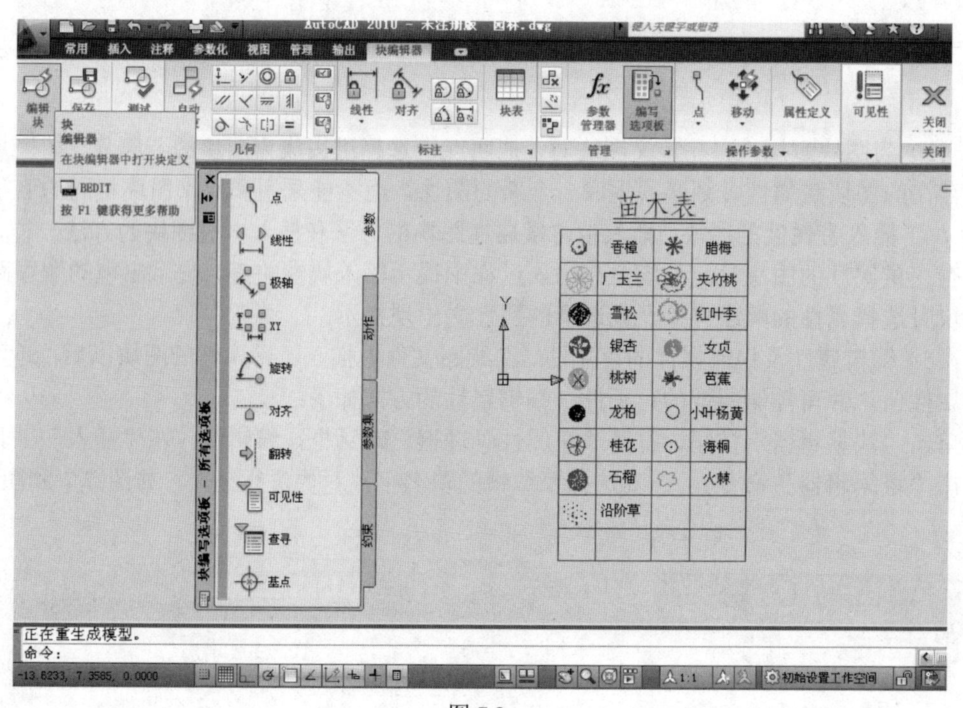


图 7.8

### 7.1.5　点等分中使用块

点等分可分为定数等分和定距等分，对于等分中使用块命令两个都可以，当我们需要复制一个对象，这个对象沿着路径复制，这时候可以使用 AutoCAD2014 中的路径阵列，也可以用点等分来实现，不过有个前提，就是要复制对象必须是块。实现步骤如下：

选择点等分工具，单击“绘图”→“点”→“定距等分”命令，也可选择定数等分。

选择需要等分的线，此时命令行提示“块（b）”，在命令行输入 B，命令行提示输入块名称，输入之前建好的块或者外部导入的块的名称。命令行提示是否要对齐，对齐与不对齐是被复制对象的方向是否一致，输入“是（Y）”，提示等分数目或者距离，输入相应数值，便可得到我们所要的结果。

如图 7.9 所示，就是使用等分来完成的，命令行显示如下：

命令:　DIVIDE
选择要定数等分的对象:
输入线段数目或 [块(B)]: B
输入要插入的块名: 002

是否对齐块和对象？[是(Y)/否(N)] <Y>: y
输入线段数目: 15

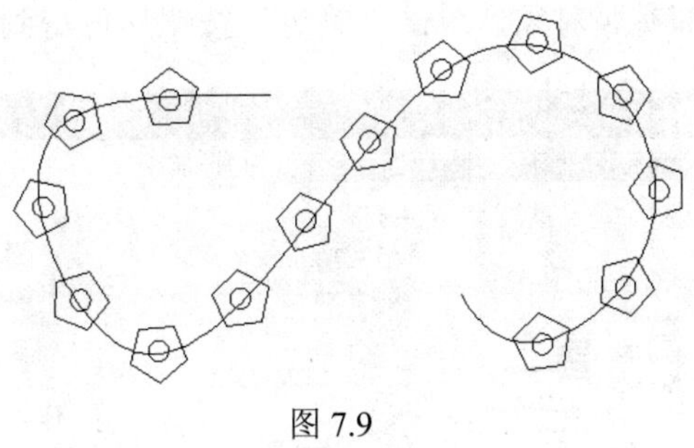

图 7.9

## 7.2 外 部 参 照

### 7.2.1 使用外部参照

当一个单独的图形作为块插入时，在插入相对比较小的图形时，这个技术非常简单，但在插入大的图形时，当前图形文件大小将迅速增加。另外，对插入的原始图形所做的任何修改都不会自动更新到参照的图形中，必须通过再次插入文件来手动更新。

为了适应这些需要，AutoCAD 提供了另外一种从一个图形向另一个图形中添加信息的方法，称为外部参照。外部参照是向当前图形链接另外一个图形。它不同于把图形作为块插入到另一个图形中，参照进去的对象虽然显示在当前图形中，但外部参照对象的数据没有添加到当前图形中。因此，附着一个外部参照并不会明显增加当前图形文件的大小。

外部参照提供了把图形作为块插入到图形时所不具备的功能，当附着外部参照时，任何对原图形文件所做的修改都要反映到参照它的图形上。每次打开包含外部参照的图形时，这些改变都会自动出现在图形文件上。另外，如果知道原始图形已做修改，就可以在处理当前图形时重新加载外部参照文件，以更新当前的图形文件。

外部参照对于零件装配的总成图非常有用。可以应用外部参照直接使用设计组中其他工程师的设计图。

但是用外部参照不像块可以成为当前图形的组成部分，外部参照与图形保持分离状态。因此在需要将附着外部参照的图形同其他人交换时，就必须把这个控制图形和图形中所有外部参照的图形同时发送给他人。否则，当他们试图加载这个主控制图形时，AutoCAD 将显示一个错误信息，报告找不到外部参照的图形。

### 7.2.2 附着外部参照

在将一个单独的图形附着在当前图形时，就创建了一个外部参照。在图形中外部参照是一种特殊的块类型，但是这个图形对象是链接到当前图形的对象，不是插入到当前图形中的对象。如果修改这个链接图形，则不论什么时候打开这个图形，修改后的结果都将反映到当前的图形中。

附着外部参照可单击参照工具中的“附着外部参照”按钮，也可在“插入”下拉菜单中单击“外部参照”命令，或者在命令行中输入命令 XA，激活 XATTACH 命令，进行外部参照的附着。

激活命令后选择外部参照对象，单击“确定”按钮后可得到如图 7.10 所示的对话框。

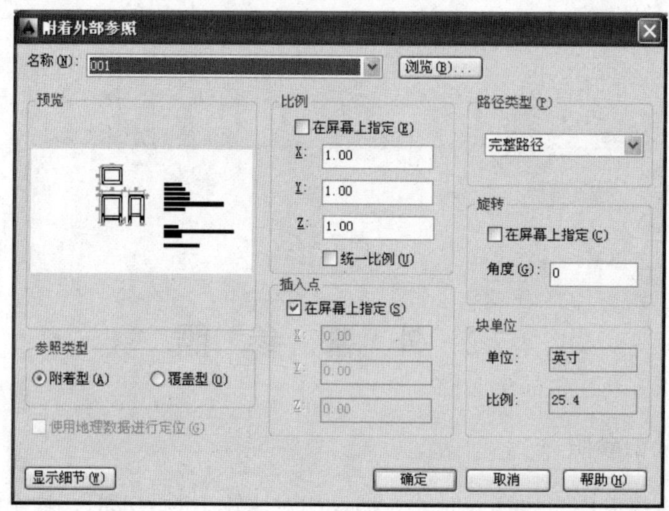


图 7.10

### 7.2.3　覆盖外部参照

当外部参照为附加性，外部参照将附带其他嵌入到外部参照，如果是覆盖型，就不带其他嵌入到外部参照。

如果参照当前图形的其他人不需要用户在当前图形中参照信息，就应该用覆盖型，而不是附加型。例如，电气工程师可能需要参照家具设计图，以便合理的布置电器插座，但是很有可能不需要其他人员参照工程师的电器设计图。因此，电器工程师就应该把家具设计图以覆盖方式进行参照。这样，参照这个电器设计图的人都不能看到电器设计图中的家具设计图部分。

### 7.2.4　管理外部参照

外部参照管理器对话框为当前图形中所有的外部参照提供一个统一的管理界面，这个对话框提供了两个不同的观察外部参照的方法：列表视图和树状视图。最初，在调用该命令时 AutoCAD 显示列表视图，显示附加到当前图形中的多个外部参照文件列表，“文件参照”对话框如图 7.11 所示。各项参数的含义如下。

参照名：列出附着的外部参照文件名。

状态：指明外部参照文件是否被加载。

大小：显示外部参照文件的大小。

类型：指明外部参照文件是附加型还是覆盖型。

日期：显示外部参照文件的最后修改日期。

保存路径：显示外部参照文件的保存路径。

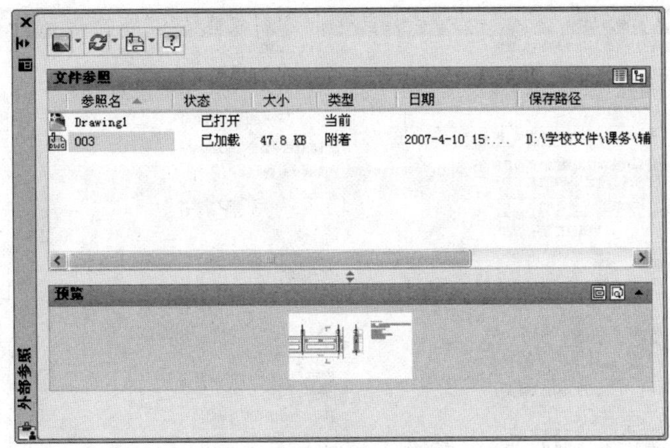


图 7.11

## 7.2.5 卸载和重新加载外部参照

卸载一个不再需要的外部参照文件，可以改善 AutoCAD 的运行性能，因为 AutoCAD 不在读取或绘制外部参照的对象和它所包含的嵌套对象。外部参照文件仍然保持附着状态，以便需要时重新加载。卸载的步骤如下：

调用 XREF 命令，进入“参照管理”对话框，选择要卸载的外部参照。右击，在弹出的快捷菜单中选择“卸载”命令，如图 7.12 所示。

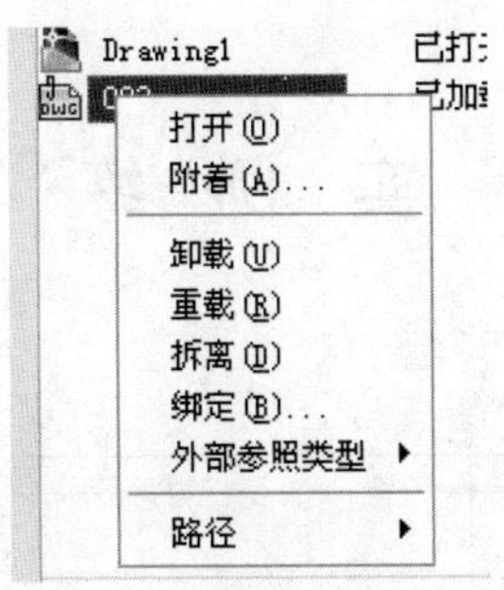


图 7.12

除了卸载之外，还有重载、拆离、绑定等选项，其中拆离与卸载不同，卸载是保留外部参照在列表中，可重新加载，拆离是彻底从列表中删除，绑定功能是将外部参照永久的与当前图形绑定一起，成为图形的一部分。

## 7.2.6 锁定图形作为外部参照的可编辑性

通过以下方法可保持图形在作为外部参照时不被修改：打开所有要锁定的图形，单击“工具”→“选项”命令，在系统弹出的“选项”对话框中打开“打开和保存”选项卡，取消选择“允许其他用户参照编辑当前图形”复选框，如图 7.13 所示。

如果该图形被作为外部参照并进行编辑，系统会弹出“系统的外部参照不可编辑”的提示信息。

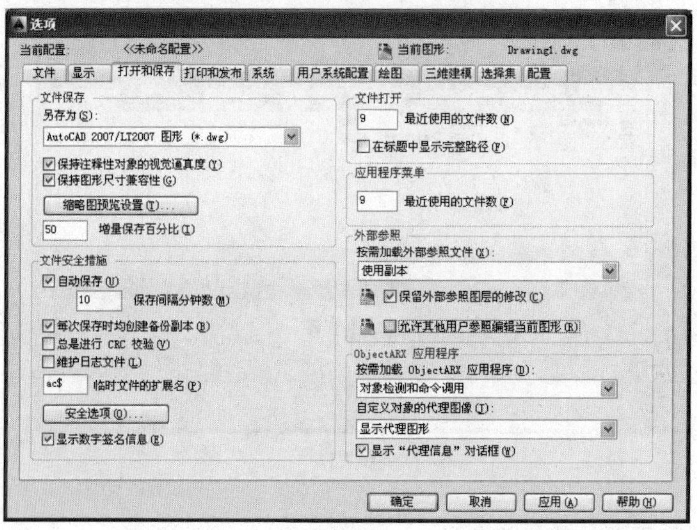


图 7.13

### 7.2.7 重新定义外部参照

出现外部参照的图形只显示路径不显示图形的情况，说明 AutoCAD 在当前图形文件上一次被保存时，指定的路径上找不到对应的参照文件。单击“插入”→“外部参照管理器”命令，在系统弹出的“外部参照管理器”对话框中，系统会在参照列表中显示不能找到的外部参数。

## 7.3 实 例 练 习

完整尺寸图如图 7.14 所示。

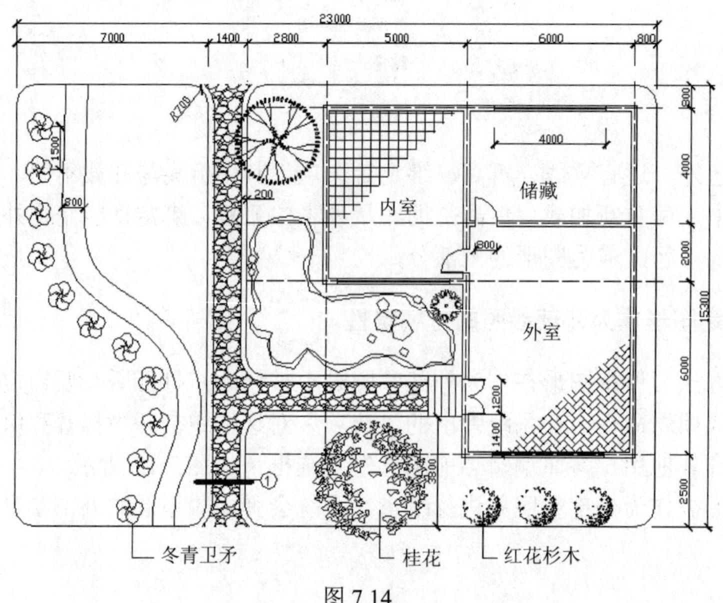


图 7.14

### 7.3.1 新建图层、设置单位和图形界限

如图 7.15 所示，进入“图层特性管理器”对话框，选择一图层，按回车键，新建图层，为各层设置不同的名字和颜色，并将“建筑轴线”层的线型设置为虚线，设置适当的比例因子。设置比例因子的命令为 LTS。

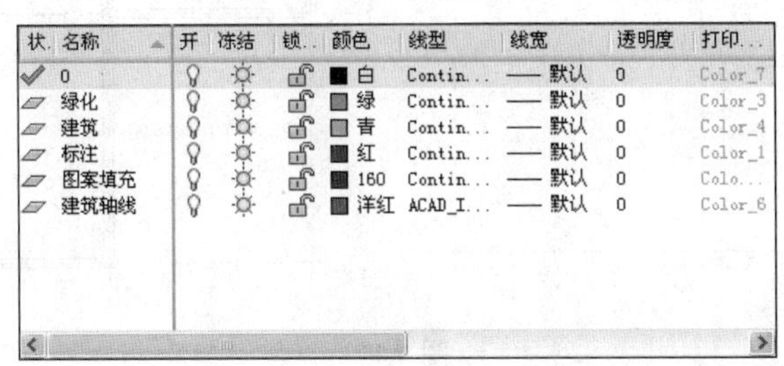


图 7.15

单击“格式”→“单位”命令，打开“图形单位”对话框，“精度”设置精确到个位，设置单位为厘米，如图 7.16 所示。

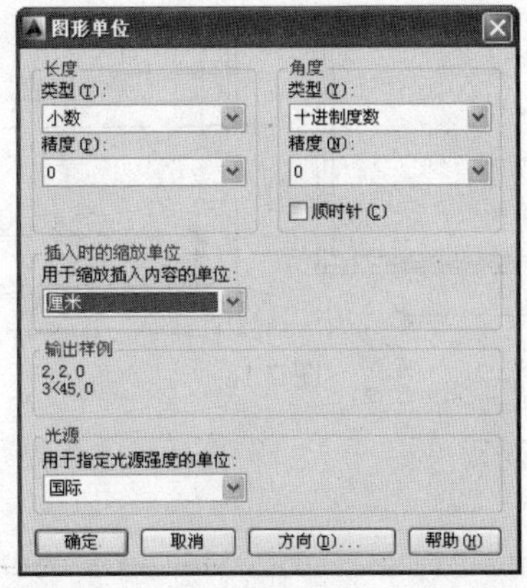


图 7.16

单击“格式”→“图形界限”命令，设置图形的界限。通过两个坐标点定义图形界限的大小，设置完后需要将设置好的图形界限完全显示在屏幕上。本例中图形界限设置为25000×18000。命令显示如下：

指定左下角点或 [开(ON)/关(OFF)] <0.0000,0.0000>:0,0

指定右上角点 <420.0000,297.0000>: 25000,18000

命令: Z ZOOM

[全部(A)/中心(C)/动态(D)/范围(E)/上一个(P)/比例(S)/窗口(W)/对象(O)] <实时>: a

### 7.3.2 绘制建筑平面和绿地平面

先绘制建筑的平面图，选择“建筑轴线”层，在屏幕的右上放绘制一根 13000 个单位的横线，然后从上到下偏移 4000、2000、6000 个单位，在屏幕的右边绘制一条穿过所有横线的竖线，从右到左偏移 6000、5000 个单位，选择“建筑”层，用多线工具，设置比例为240，对正，进行墙体的绘制，如图 7.17 所示。

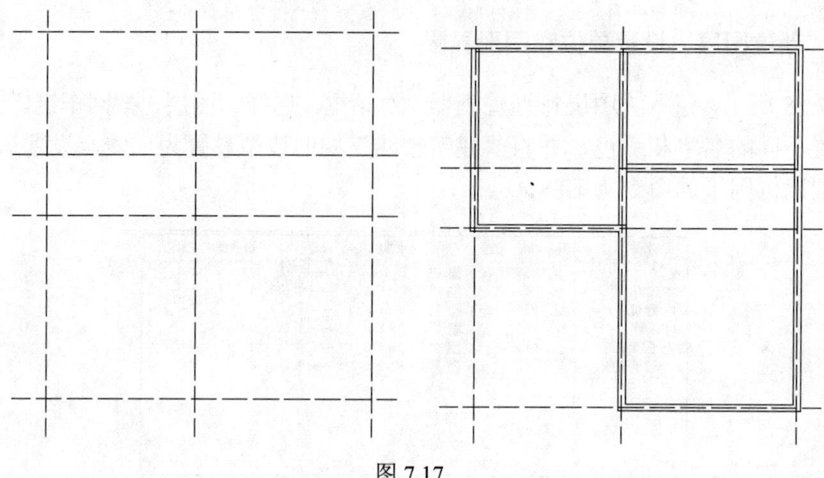

图 7.17

完成多线的绘制，需要进行多线编辑，单击“修改”→“对象”→“多线”命令，选择多线编辑器并选择合适的模型进行操作，根据提供的门和窗户位置和尺寸进行绘制，窗户的宽度是4000，门的图形也可用块的方式完成，如图 7.18 所示。

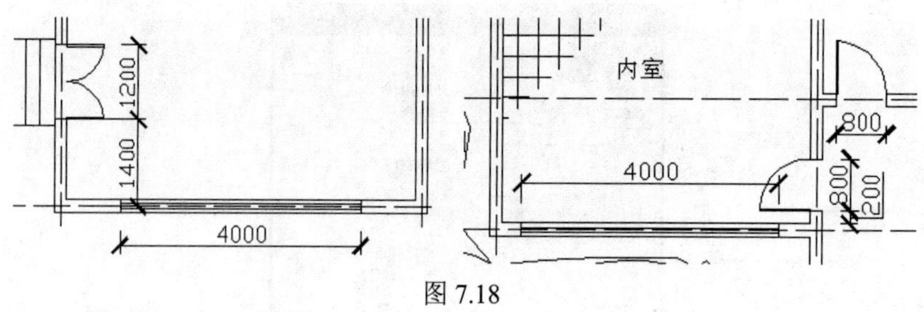


图 7.18

最后的平面图如图 7.19 所示。

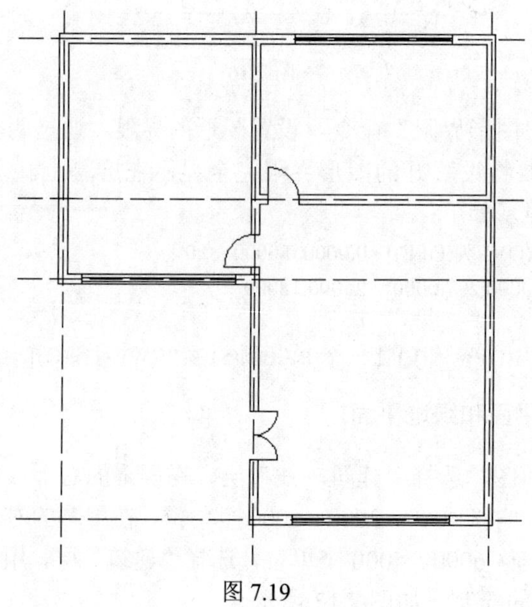

图 7.19

绘制绿地平面，将最右边的轴线偏移800个单位得到另外一条竖线，将竖线放置在“建筑”层，并通过拉伸工具向下端拉长2500，再将其向左偏移13800，再向左1400、7000偏移另外两根竖线，完成后在距离建筑的最上方轴线800个单位绘制一条穿越所有竖线的横线，将横线按10100、1400、3800依次往下偏移，最终效果如图7.20所示。

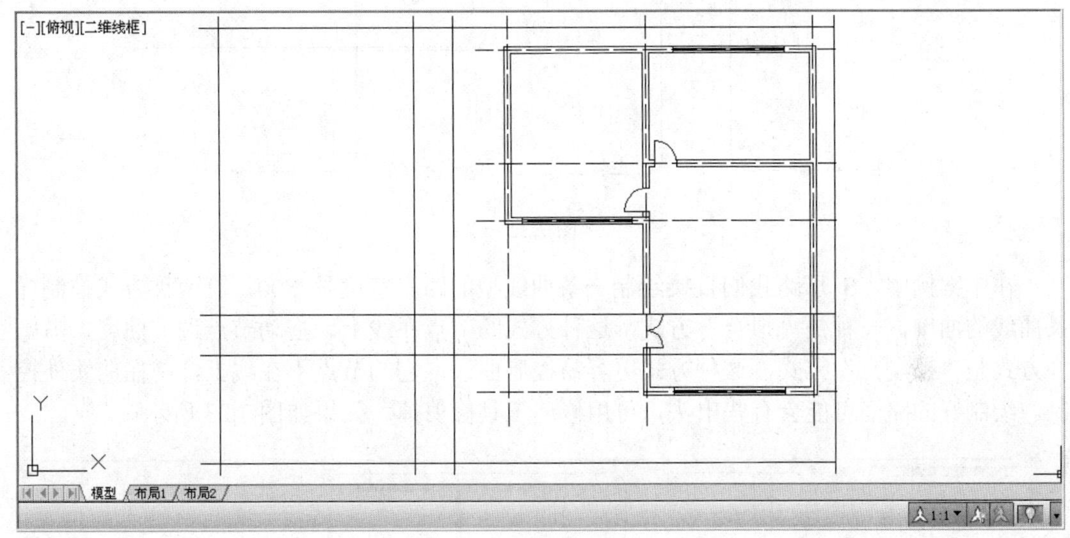


图7.20

用圆角命令进行圆角处理，半径为700，修剪好后的效果如图7.21所示。

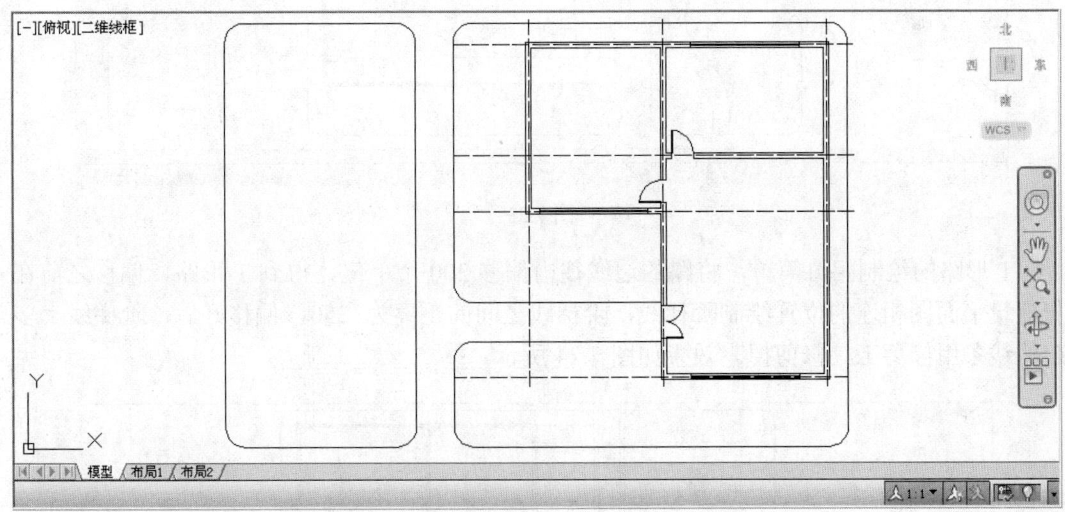


图7.21

### 7.3.3　绘制具体细节与图案填充

（1）绘制路面。本案例中有一条S形路面和一条T字形路，S形路面绘制是通过确定路面中轴线，再通过偏移的方式得到，如图7.22所示。

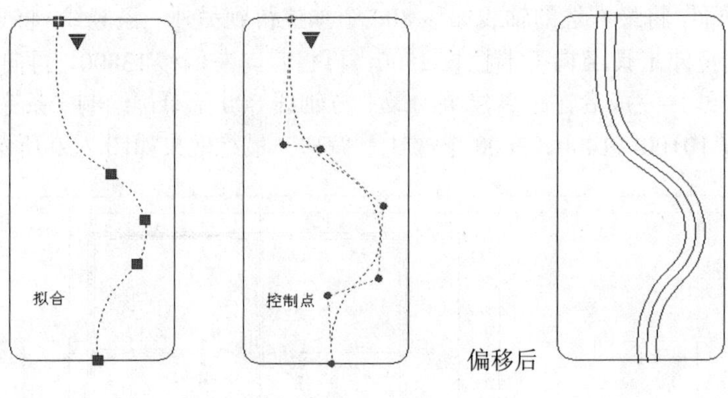


图 7.22

在本案例中，S 形路我们直接绘制一条曲线型的路，宽度是 800。有两种方式控制样条曲线的曲度，一种是“拟合”方式，这种方式的节点在线上，拖动节点调节曲度，另一种方式是“控制点”方式，这种方式更容易控制曲线，它的节点不在线上，是在曲线外控制。绘制好的路面可能会有些出头，可用修剪工具修剪掉。效果如图 7.23 所示。

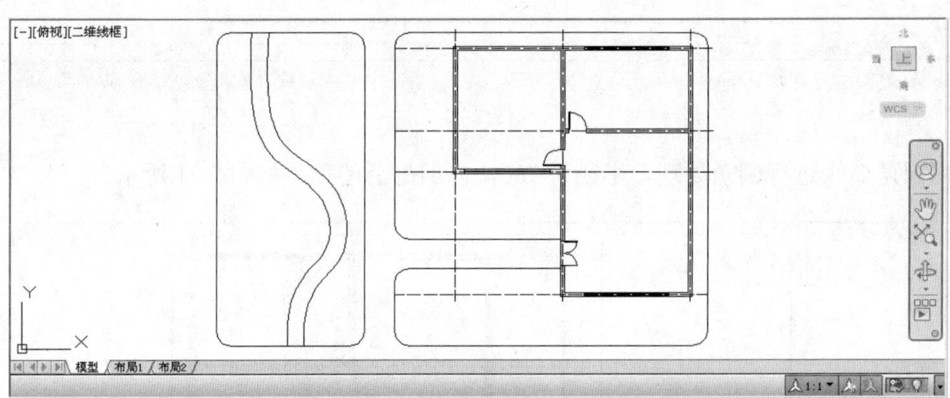


图 7.23

T 形路的绘制相对简单，将路的边线往内偏移 200 个单位，得到 T 形路，偏移之前在与建筑平面图相连的位置绘制阶梯线，阶梯线之间的距离为 250，偏移好后，阶梯线上多余的线条用修剪工具修剪掉。效果如图 7.24 所示。

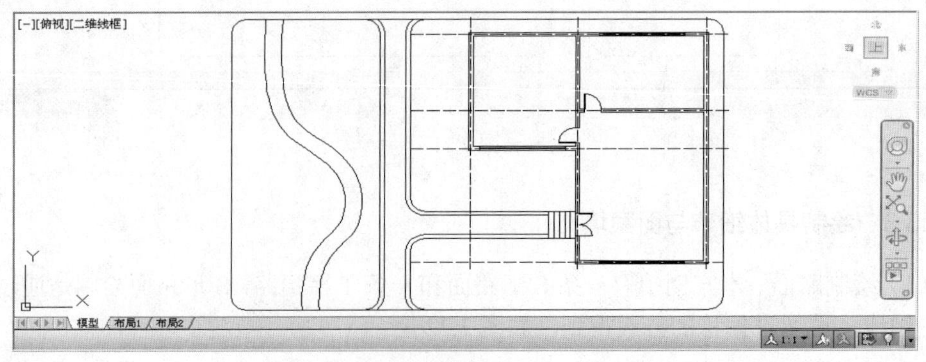


图 7.24

填充的图案名为 GRAVEL，比例为 30，最后效果如图 7.25 所示。

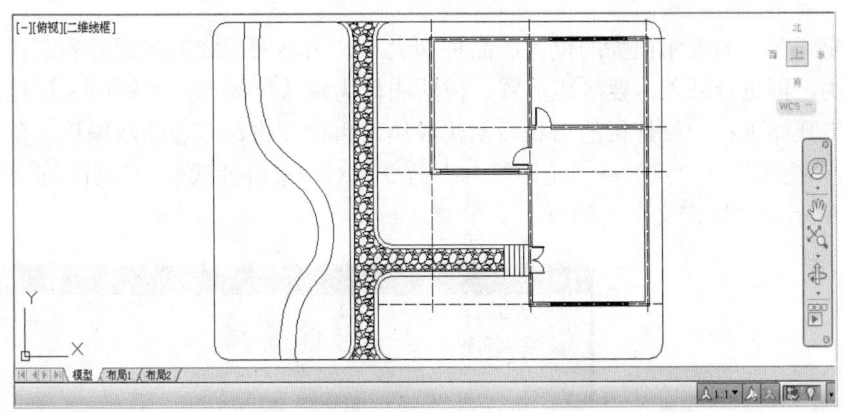


图 7.25

（2）绘制水池。本案例中的水池用徒手绘制工具来实现，命令是 SKETCH，此命令可绘制出多段线、样条曲和单直线组成的线条组，曲线是由小的短线组成，其中有“增量”设置，增量是每段线的长度值。本案例中的增量为 400，绘制好后效果如图 7.26 所示。

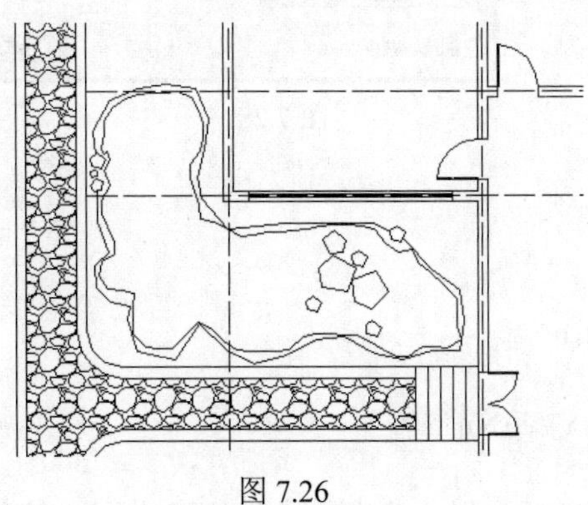

图 7.26

### 7.3.4 路的剖面绘制

在需要绘制剖面的路面上标识出位置，用直线工具按照相应尺寸绘制出所要的剖面图，并填充相应的图案，如图 7.27 所示。

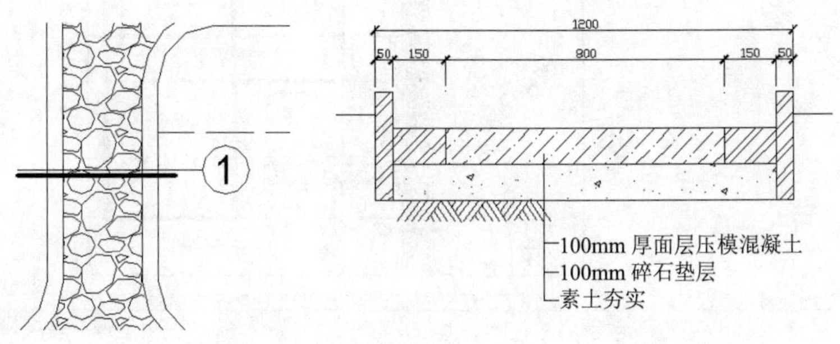


图 7.27

### 7.3.5 植物配置图绘制

植物配置图主要表示植物的位置、品种和大小，用不同形式的树符号表示，这些符号可先做成块，再进行插入，要等距放置，树的图标为块才可操作，本例中 S 形路边植物定距放置的步骤如下：绘制好树的形状后创建成块，再往左将路左边的线偏移一条，偏移值 800，单击“绘图”→“点”→“定距等分”命令，对偏移好的线进行等分，距离为 1200。如图 7.28 所示为“块定义”对话框。

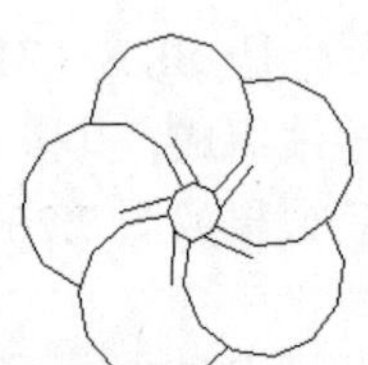

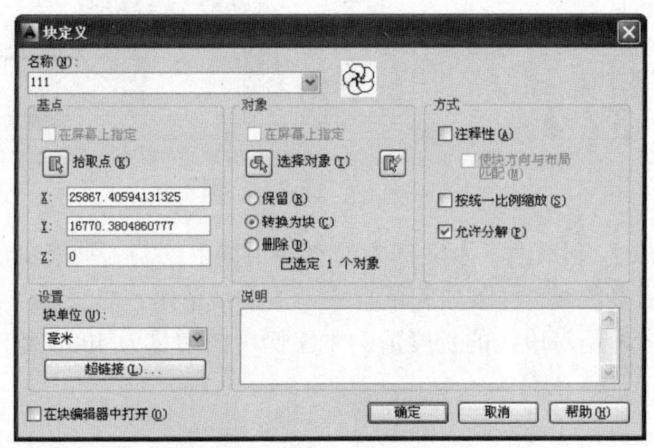


图 7.28

命令行显示如下：

命令: _measure

选择要定距等分的对象:

指定线段长度或 [块(B)]: b

输入要插入的块名: 111

是否对齐块和对象？[是(Y)/否(N)] <Y>:

指定线段长度: 1200

当选择好要等分的对象后，提示“指定线段长度或[块 B]”，输入 B 后按回车键，可输入刚才所创建好的块，名称为 111，输入等距的距离值 1200，最后才会得到正确的结果。效果如图 7.29 所示。

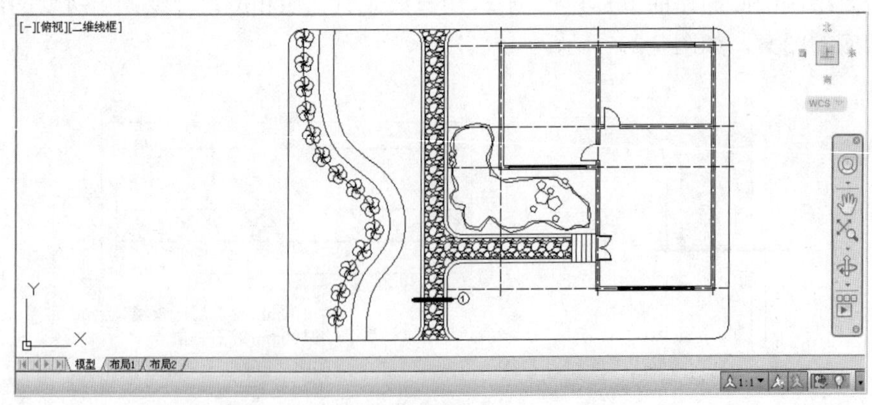


图 7.29

其他植物按照相应位置安排好，包括植物的大小，数量和整体效果。最终的图纸效果如图 7.30 所示。

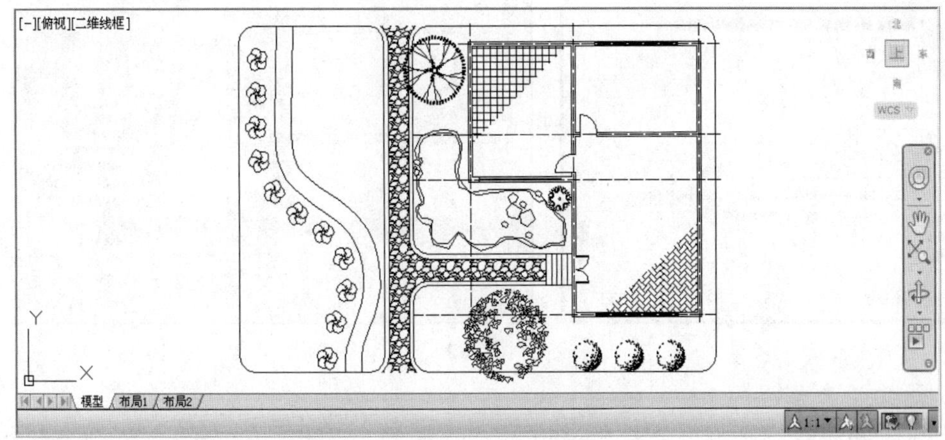


图 7.30

### 7.3.6 标注

本案例的标注主要为线性标注和其他标注相结合，其中有些位置还需标注圆角的半径值，除尺寸标注外，还需给树木标注不同的名字，如果再细致些，还需要标出树木的胸径。建筑的标注除了尺寸外，还需注明每个空间的属性。标注完后效果如图 7.31 所示。

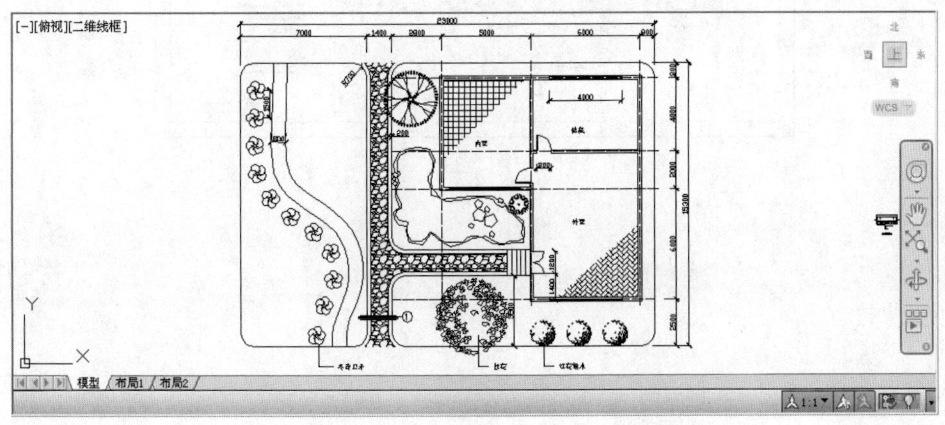


图 7.31

### 7.3.7 视口与布局

视口要解决的是不同大小的图纸在一起呈现，视口可以将不同比例的对象放在一起，先建好视口图层，再进入布局，单击“文件”→“页面设置管理器”命令，在打开的“页面设置管理器”对话框中找到要编辑的布局，选择好图纸大小和打印机后单击“确定”按钮，如图 7.32 所示。再通过视口工具栏建立视口，调整比例大小，最后的效果如图 7.33 所示。

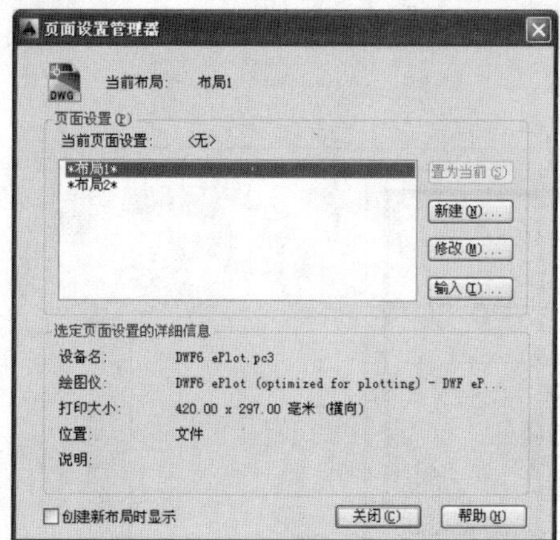
页面设置管理器
当前布局: 布局1
页面设置(P)
当前页面设置: <无>
*布局1*
*布局2*
置为当前(S)
新建(N)...
修改(M)...
输入(I)...
选定页面设置的详细信息
设备名: DWF6 ePlot.pc3
绘图仪: DWF6 ePlot (optimized for plotting) - DWF eP...
打印大小: 420.00 x 297.00 毫米 (横向)
位置: 文件
说明:
创建新布局时显示
关闭(C)
帮助(H)

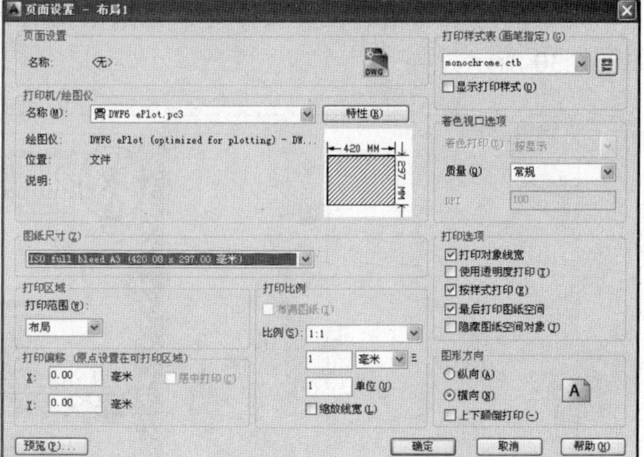
页面设置 - 布局1
页面设置
名称: <无>
打印机/绘图仪
名称(M): DWF6 ePlot.pc3
特性(R)
绘图仪: DWF6 ePlot (optimized for plotting) - DW...
位置: 文件
说明:
420 MM
297 MM
图纸尺寸(Z)
ISO full bleed A3 (420.00 x 297.00 毫米)
打印区域
打印范围(W):
布局
打印偏移 (原点设置在可打印区域)
X: 0.00 毫米
Y: 0.00 毫米
居中打印(C)
打印比例
布满图纸(I)
比例(S): 1:1
1 毫米
1 单位(U)
缩放线宽(L)
打印样式表 (画笔指定)(G)
monochrome.ctb
显示打印样式(D)
着色视口选项
着色打印(D) 按显示
质量(Q) 常规
DPI 100
打印选项
打印对象线宽
使用透明度打印(T)
按样式打印(E)
最后打印图纸空间
隐藏图纸空间对象(J)
图形方向
纵向(A)
横向(N)
上下颠倒打印(-)
预览(P)...
确定
取消
帮助(H)

图 7.32

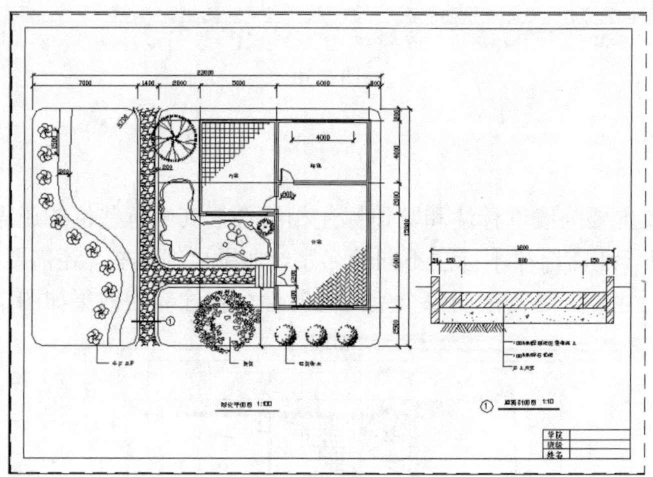
学校
班级
姓名

图 7.33

# 第 8 章　AutoCAD 参数化与图纸打印

## 8.1　参数化概念

通过参数化图形，用户可以为二维几何图形添加约束。约束是一种规则，可决定对象彼此间的放置位置及标注。通常在工程的设计阶段使用约束。对一个对象所做的更改可能会影响其他对象。例如，如果一条直线被约束为与圆弧相切，更改该圆弧的位置时将自动保留切线，这称为几何约束；还可以约束距离、直径和角度，这称为标注约束。此类功能使得用户可以在保留指定关系和距离的情况下尝试各种创意，高效率地对设计进行修改。

约束特性（表 8.1）包括以下各项：

（1）水平约束：使一条线段或一个对象上的两个点保持水平（平行于 X 轴）。

（2）竖直约束：使一条线段或一个对象上的两个点保持竖直（平行于 Y 轴）。

（3）垂直约束：使两条线段或多段线段保持垂直关系。

（4）重合约束：确保两个对象在一个特定点上重合。此特定点可以位于经过延长的对象上。

（5）共线约束：使第二个对象和第一个对象位于同一个直线上。

（6）同心约束：使两个弧形、圆形或椭圆形（或三者中的任意两个）保持同心关系。

（7）固定约束：将对象上的一点固定在世界坐标系的某一坐标上。

（8）平行约束：使两条线段或多段线段保持平行关系。

（9）正切约束：使两个对象（例如一个弧形和一条直线）保持正切关系。

（10）相连约束：将一条样条线连接到另一条直线、弧线、多线段或样条线上，同时保持连续性。

（11）对称约束：相当于一个镜像命令，若干对象在对称操作后始终保持对称关系。

（12）相等约束：一种实时的保存工具，能够使任意两条直线始终保持等长，或使两个圆形具有相等的半径。修改其中一个对象后，另一个对象将自动更新。此处还包含一个强大的多功能选项。对象上的几何图标表示所附加的约束。可以将这些约束栏拖动到屏幕的任意位置。可以利用“约束设置管理器”对多个约束栏选项进行管理。

表 8.1　　约　束　特　性

| 约束类型 | 光标图标 | 约束图标 |
|---|---|---|
| 水平 | | |
| 竖直 | | |
| 垂直 | | |
| 平行 | | |

续表

| 约束类型 | 光标图标 | 约束图标 |
| --- | --- | --- |
| 相切 | | |
| 相等 | | |
| 平滑 | | |
| 重合 | | |
| 同心 | | |
| 共线 | | |
| 对称 | | |
| 固定 | | |

## 8.2 约　束

### 8.2.1 几何约束

几何约束可以确定对象之间或对象上的点之间的关系，创建后，它们可以限制可能会违反约束的所有更改。可以尝试对圆应用固定约束以锁定其位置，然后在圆和直线之间应用相切约束。使用夹点拉伸直线时，直线或其延长线仍与圆相切。

（1）应用多个约束。通常可以将多个约束应用于图形中的每个对象。另外，还可以使用 Copy，Array 和 Mirror 等命令复制几何图形及其所有关联约束。可以从多种约束类型中进行选择，每种类型都具有独特的作用。

（2）使用约束栏。约束栏可显示一个或多个与图形中的对象关联的几何约束。将鼠标悬停在某个对象上可以显示与对象关联的所有约束图标。将鼠标悬停在约束图标上可以显示与该约束关联的所有对象。使用“约束设置”对话框可以为特定约束启用或禁用约束栏的显示。

（3）自动约束对象。可以将几何约束自动应用于选定对象或图形中的所有对象。通过自动约束功能，用户可以将几何约束快速应用于可能满足约束条件的对象。使用“约束设置”对话框可以指定以下各项：应用的约束类型、约束的应用顺序、应计算的公差。

### 8.2.2 尺寸约束

标注约束可以确定对象、对象上的点之间的距离或角度，也可以确定对象的大小。可以在两个点之间应用标注约束，点图标（以红色显示）捕捉到对象的端点、中点和中心。也可以通过选择对象或选择一对对象来应用标注约束。

### 8.2.3 动态约束

默认情况下，标注约束是动态的。对常规参数化图形和设计任务来说，它们是非常理想的。动态约束具有以下特征：缩小或放大时大小不变；可以轻松打开或关闭；以固定的标注样式显示；提供有限的夹点功能；打印时不显示。

### 8.2.4　注释性约束

通过“特性”选项板，用户可以将动态约束更改为其他形式，称为注释性约束。注释性约束具有以下特征。以当前的标注样式显示。缩小或放大时大小发生变化。提供全部夹点功能。打印时显示。

### 8.2.5　参数管理器

通过参数管理器，用户可以创建、编辑、重命名、删除和过滤图形中的所有标注约束和用户变量。可以通过更改列表中的值来驱动受约束的几何图形中的更改。单击列表中的约束，可以选择图形中的关联标注约束，并显示这些约束。标注约束是自动命名的，用户也可以输入更多有意义的名称。对于可以从标注约束中参照的公式，可以创建如 Area 行中所示的用户变量。从每个表达式单元格中的函数和常数中进行选择。

## 8.3　图　纸　打　印

图纸绘制完毕以后，就到了打印输出的环节。AutoCAD 提供了图形输入与输出接口，另外，图纸的打印输出主要有三种形式：快速打印、布局打印和虚拟打印。其中，快速打印最为快捷；布局打印可以在同一张图纸上打印比例不同的图形；虚拟打印不是真正的打印出纸张形式的图形文件，而是一种文件类型的转换。快速打印、布局打印和虚拟打印三种不同的打印方式适用于不同的场合。如果只是打印一个简单的平面图或立面图，可以在模型空间使用快速打印直接打印输出；如果需要将平面、立面，甚至剖面图按不同的比例打印到同一张图纸上，最好使用布局打印方式；要将 DWF 格式的文件转换成 TIF 格式的普通图片，可以使用虚拟打印。

用户用 AutoCAD 绘制好图形后，可以将图形打印在图纸上，也可以创建文件供其他应用程序使用。以上两种情况都需要选择打印设置。在绘制好图形时，用户可以随时单击“文件”→“打印”命令来打印草图，但在很多情况下，需要在一张图纸中输出图形的多个视图，添加标题块等，这时就要使用图纸空间。图纸空间是完全模拟图纸页面的一种工具，用于在绘图之前或之后安排图形的输出布局。

### 8.3.1　快速打印

快速打印就是直接从模型空间打印输出，不使用布局。快速打印需要绘制一个图框。图框大多按照 1∶1 的比例绘制，以下是各种规格的图纸尺寸：A0：1194×840；A1：840×597；A2：597×420；A3：420×297；A4：297×210（此处均以毫米为单位）。用户使用快速打印时，首先需要按照实际尺寸绘制一个图框，打开需要打印的文件，将图框复制到打开的文件中，并将图形放置到“图框”层中。然后，按照实际情况进行图框的放大和缩小，调整后即可打印。

### 8.3.2 布局打印

快速打印也有一定的局限性，例如不能在同一张图纸中打印不同比例的图形。此时必须使用布局打印。AutoCAD 中有两个工作空间，分别是模型空间和图纸空间。通常在模型空间按 1∶1 的比例绘图。如果要将不同比例的视图放在一张图纸上，就要在图纸空间对这些视图进行排版，然后再打印输出。

### 8.3.3 虚拟打印

虚拟打印可以将 dwg 格式的图形文件转换成 tif 格式，虚拟打印是一种图片格式的转换。首先要打开一个绘制完成的图形文件，设置一个虚拟打印机，然后才开始打印。具体做法如下：“打印机/绘图仪”选择 jpg 格式，然后单击“特性”按钮，自定义图纸尺寸，添加并创建新图纸，设置足够清楚的像素，然后单击“下一步”按钮，在图纸尺寸中选择定义的图纸，然后输出就行了。

## 8.4 实 例 练 习

### 8.4.1 绘制建筑部分

（1）新建图层、设置单位、图界和绘制轴线。

根据将要绘制的图纸，新建相应的图层，单击“格式”→“单位”命令，设置“精确”为 0，单位为毫米。完成后单击“格式”→“图形界限”命令，设置图形的界限，如图 8.1 和图 8.2 所示。

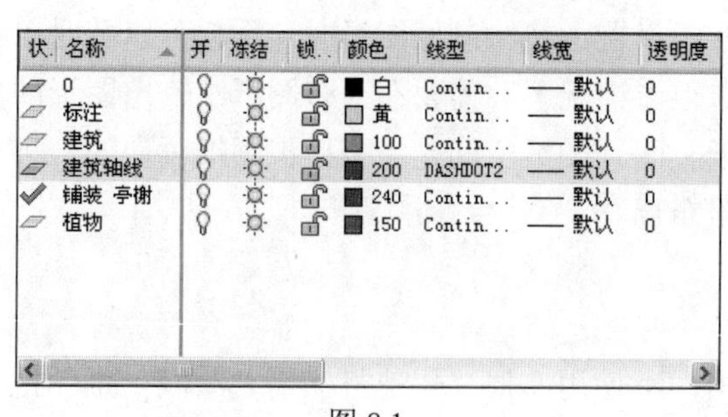


图 8.1

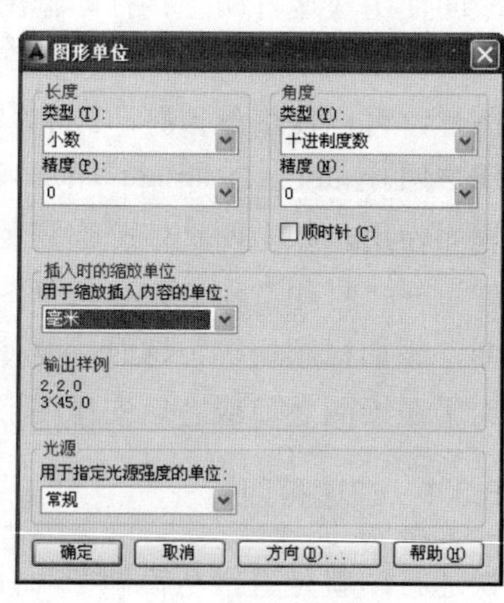


图 8.2

设置图形界限操作命令如下：

指定左下角点或 [开(ON)/关(OFF)] <0.0000,0.0000>:0,0

指定右上角点 <420.0000,297.0000>: 70000,46000

命令: Z ZOOM

[全部(A)/中心(C)/动态(D)/范围(E)/上一个(P)/比例(S)/窗口(W)/对象(O)] <实时>: a

完成后依据尺寸参照图进行轴线的绘制，在绘制轴线之前不要忘记选择“建筑轴线”层，轴线上有很短的标记线用来连接墙体，如图 8.3 所示。

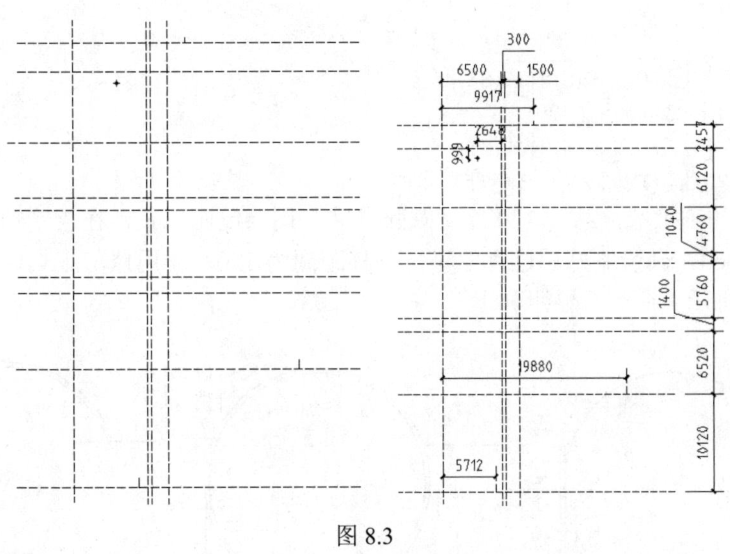


图 8.3

（2）墙体绘制。

墙体绘制使用多线命令，多线命令的设置中“比例”为两线之间的宽度，厚墙为 240，薄墙为 120，“对正”中 240 的墙选择 Z，120 的墙要注意对正中的选项，有的是“上”，有的是“下”，如图 8.4 所示。

命令:  MLINE
指定起点或  [对正(J)/比例(S)/样式(ST)]:   s
输入多线比例  <1.00>:   240
指定起点或  [对正(J)/比例(S)/样式(ST)]:   j
输入对正类型  [上(T)/无(Z)/下(B)] <上>:   z

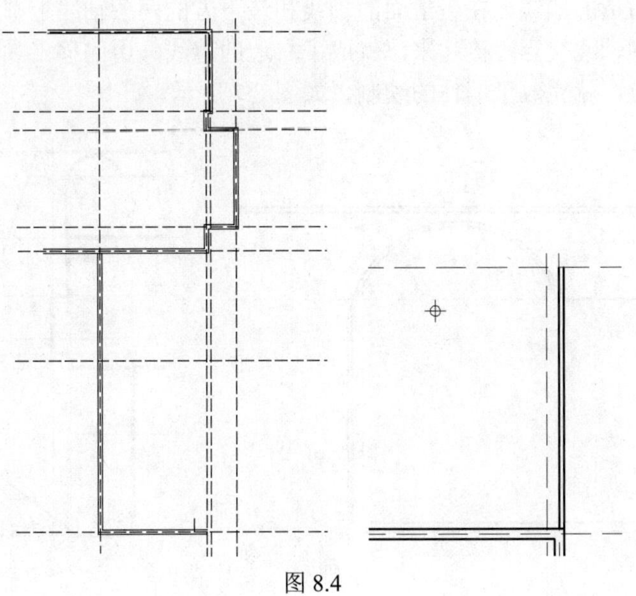

图 8.4

240 厚的墙体绘制完后 120 的墙体在绘制时需要选择正确的“对正”选项，120 厚的墙选用的是“下（B）”。命令显示如下：

命令: ML
MLINE
指定起点或 [对正(J)/比例(S)/样式(ST)]:  s
输入多线比例 <240.00>:  120
指定起点或 [对正(J)/比例(S)/样式(ST)]:  J
输入对正类型 [上(T)/无(Z)/下(B)] <下>:  T

在绘制好的图上端，绘制 120 厚度圆弧形墙，用绘制圆工具，在绘制轴线时绘制好圆心，半径为 2964，圆绘制好后进行偏移，偏移距离为 120，再用修剪工具将多余的线修剪掉。如图 8.5 所示。命令行显示如下：

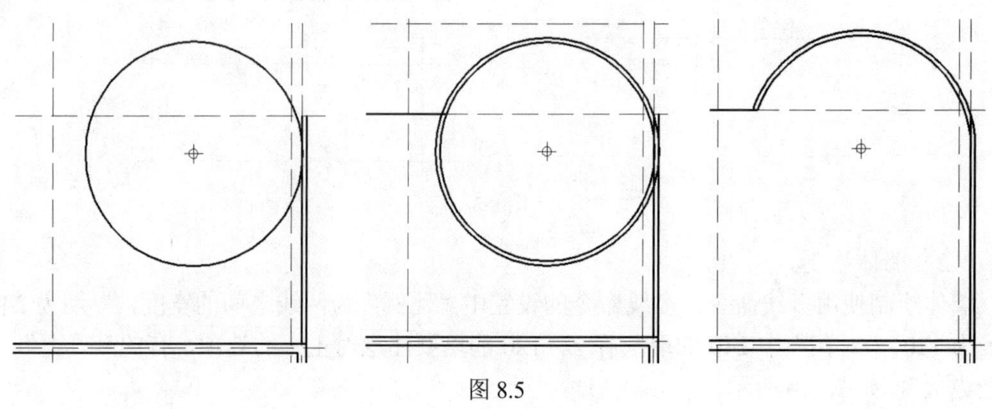

图 8.5

命令: _circle
指定圆的半径或 [直径(D)]: 2964

绘制好圆弧形墙体后，再绘制圆弧上端的 120 厚的墙，此处需要选择合适的“对正”，墙体的上边与轴线重合，在“对正”中选择“上（T）”，如图 8.6 所示。

用直线绘制右边的墙线，在最上面的轴线和最下方的两条轴线上都有短的标记线，用直线将标记线与横轴线交点连接起来，就成了右边的墙线，用偏移工具将连接好的墙线往外偏移 240 个单位，就完成了墙体的绘制，如图 8.7 所示。

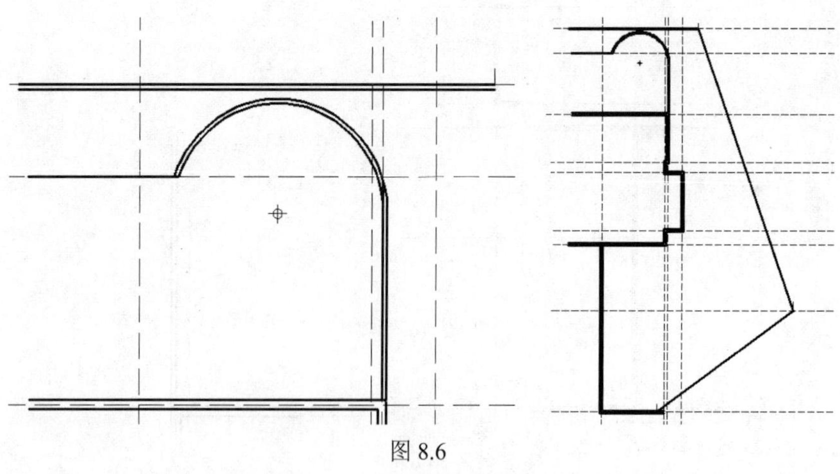

图 8.6

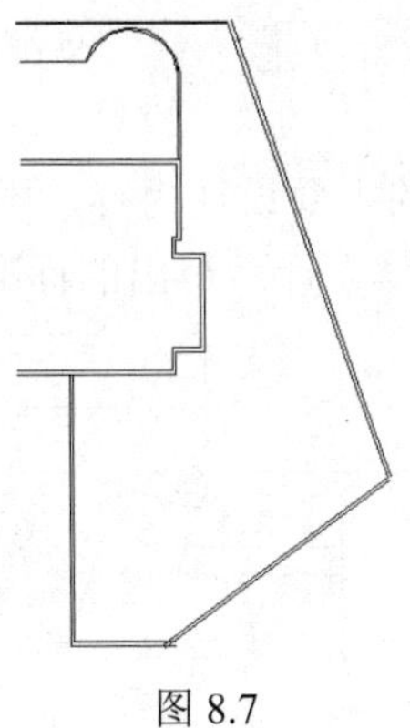

图 8.7

（3）门窗。

如图 8.8 所示为门窗尺寸图，分别是院门和房屋的门，房屋的门为 1500 宽，院子门为 1600 宽，别院的小门为 1300 宽。

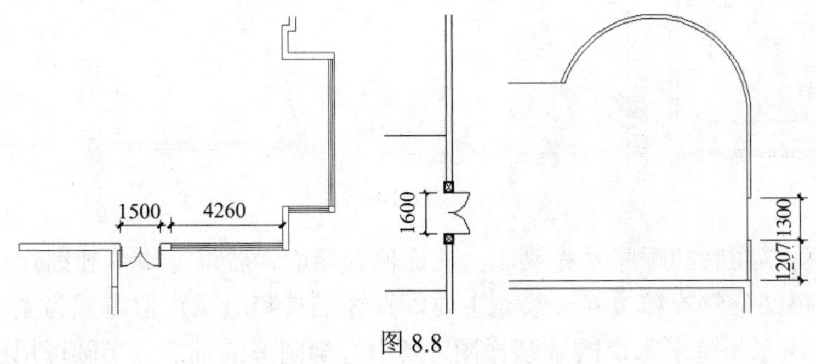


图 8.8

门的边框位置用追踪定位的方式得到，用修剪工具将门框内的墙体线修剪掉，门的符号绘制可用块的方式导入，也可用绘制弧线的方式绘制，窗户需要用点的定数等分，将窗框线分成三段后，用直线从每段的节点上，绘制出一根与墙体平行的线，连接另一端的窗框线，等分线不是将一根线切成所要等分的数，而是以点的形式来标记每段位置，这里要注意的是，在对象捕捉中要选择“节点”，不然窗框线上的等分点不会被捕捉到。

门绘制好后如图 8.9 所示。

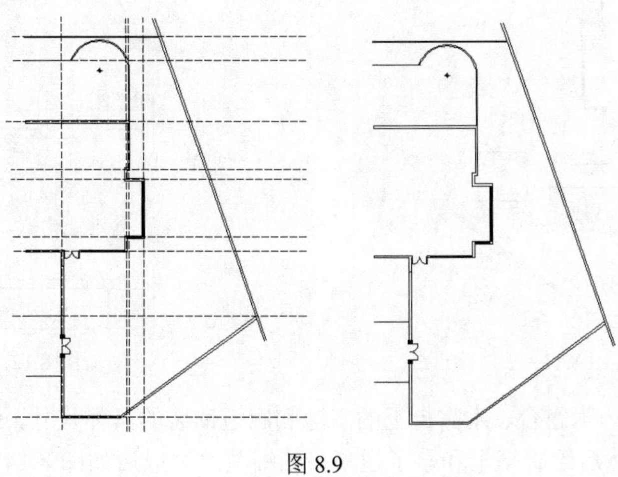

图 8.9

### 8.4.2　地面铺装与亭榭

地面铺装与亭榭是园林设计中的主要设计内容，本实例中的庭院为不规则形状，尺寸相对比较复杂，如图 8.10 所示为具体设计后得出的标准数据，依照以下数据进行绘图。

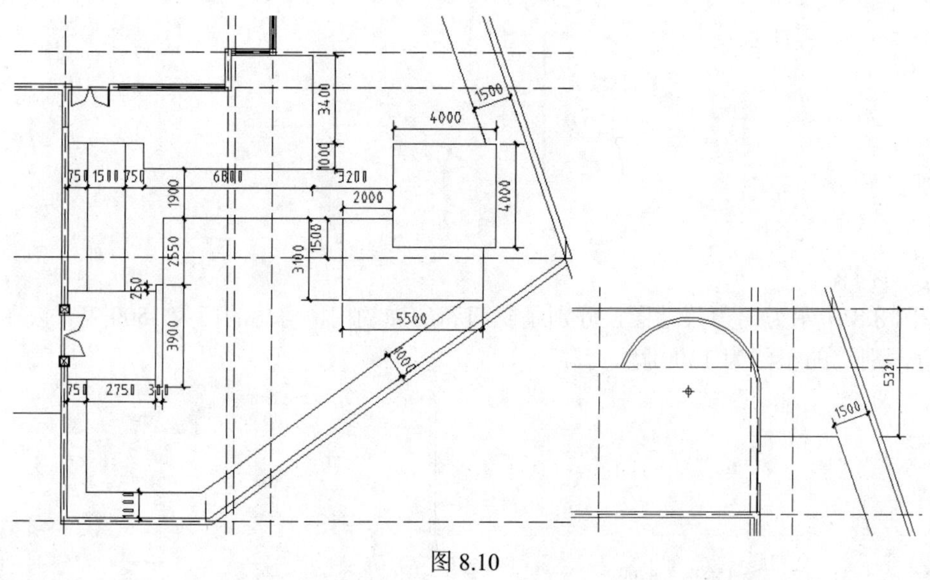


图 8.10

绘制铺装与亭榭时的顺序是先绘制大的比例和轮廓，后再每块单独细化，如图 8.11 所示，线绘制出每部分位置和边界，绘制主要以直线工具和追踪定位方式为主。

如图 8.12 所示为院子入口的铺装详图，其中有半圆形的铺装，半圆可用圆形工具绘制最外或者最里的圆，再进行修剪，得到正确的半圆，通过偏移工具得到其他半圆，铺装的内边也通过偏移工具完成。

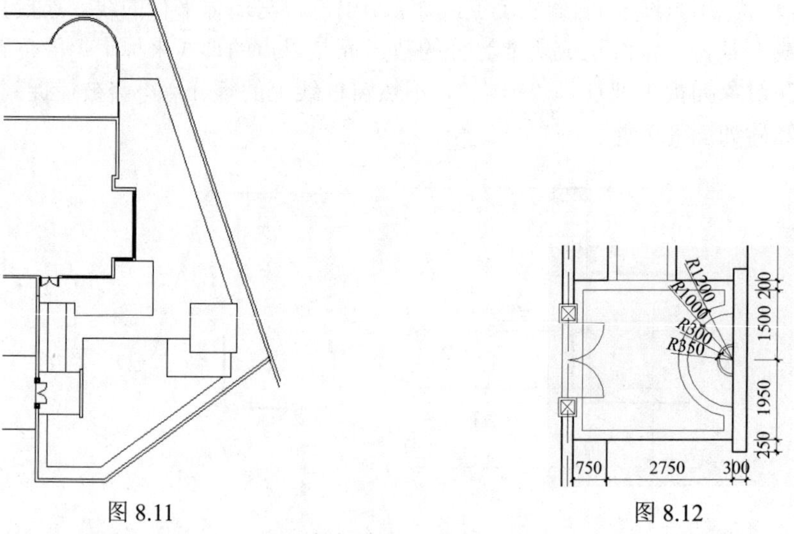


图 8.11　　　　图 8.12

如图 8.13 所示为木露台、木露台上的水池和廊道铺装的具体尺寸，绘制用直线工具和追踪定位的方式，然后绘制亭子和亭子边喷泉的细节，完成后如图 8.14～图 8.16 所示。

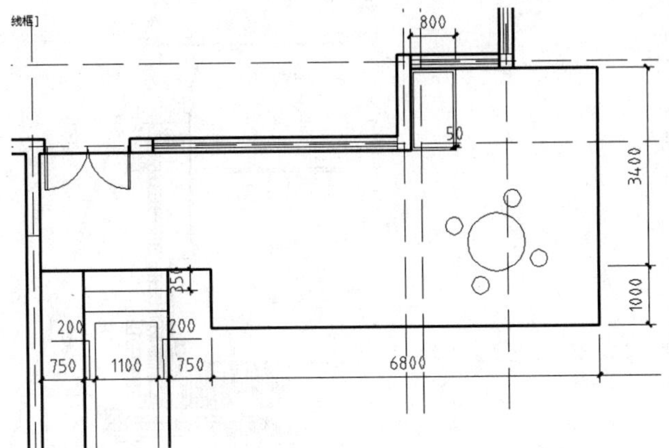


图 8.13

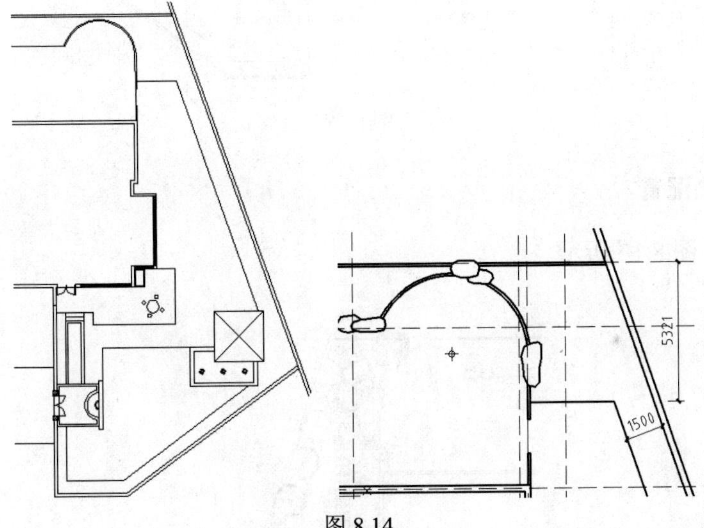


图 8.14

图 8.15

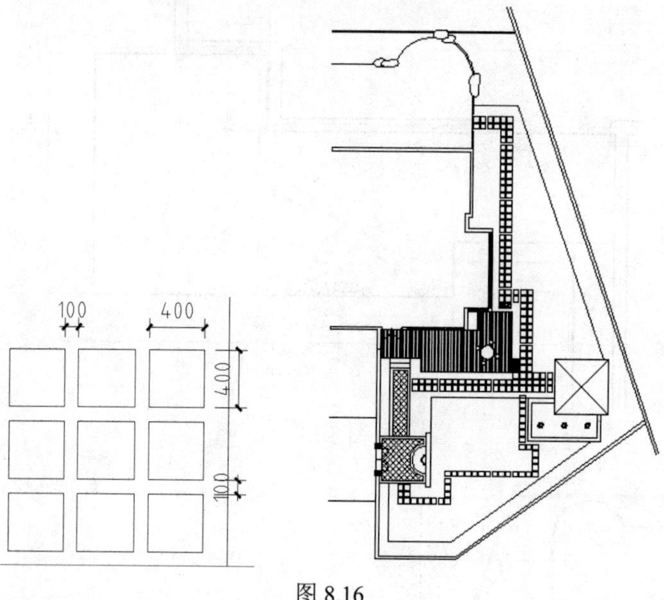


图 8.16

### 8.4.3　植物配置

植物配置如图 8.17 所示。

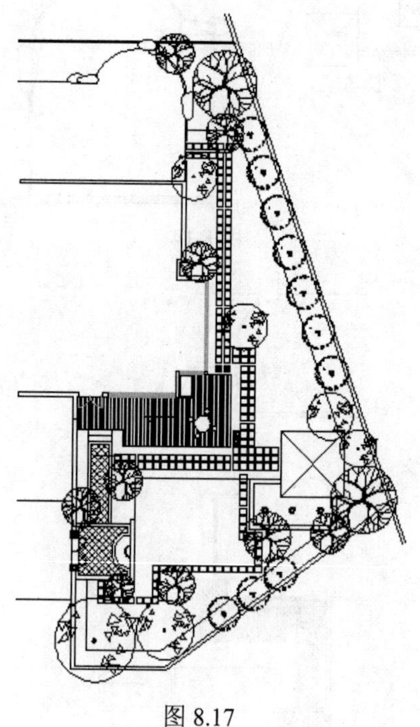

图 8.17

### 8.4.4　标注

具体标注如图 8.18 所示。

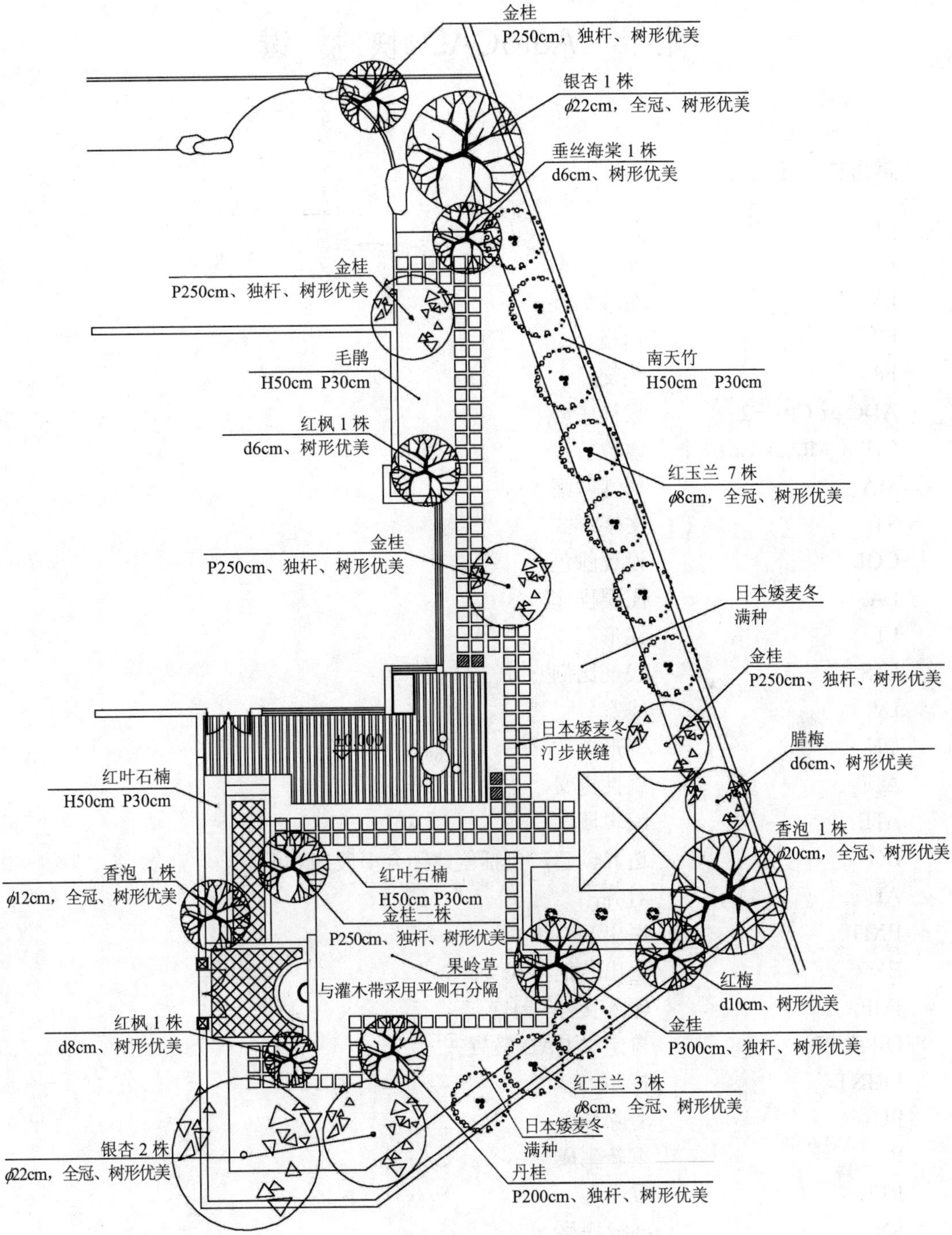

金桂
P250cm，独杆、树形优美
银杏 1 株
ϕ22cm，全冠、树形优美
垂丝海棠 1 株
d6cm、树形优美
金桂
P250cm、独杆、树形优美
毛鹃
H50cm P30cm
南天竹
H50cm P30cm
红枫 1 株
d6cm、树形优美
红玉兰 7 株
ϕ8cm，全冠、树形优美
金桂
P250cm、独杆、树形优美
日本矮麦冬
满种
金桂
P250cm、独杆、树形优美
日本矮麦冬
汀步嵌缝
±0.000
红叶石楠
H50cm P30cm
腊梅
d6cm、树形优美
香泡 1 株
ϕ20cm，全冠、树形优美
香泡 1 株
ϕ12cm，全冠、树形优美
红叶石楠
H50cm P30cm
金桂一株
P250cm、独杆、树形优美
果岭草
与灌木带采用平侧石分隔
红梅
d10cm、树形优美
红枫 1 株
d8cm、树形优美
金桂
P300cm、独杆、树形优美
红玉兰 3 株
ϕ8cm，全冠、树形优美
日本矮麦冬
满种
银杏 2 株
ϕ22cm，全冠、树形优美
丹桂
P200cm、独杆、树形优美

图 8.18

# 附录 AutoCAD 快 捷 键

## 常用功能键

| | |
|---|---|
| F1 | 帮助 |
| F2 | 文本窗口 |
| F3 | 对象捕捉 |
| F7 | 栅格 |
| F8 | 正交 |
| ADC 或 Ctrl＋2 | 设计中心 |
| CH 或 MO 或 Ctrl＋1 | 修改特性 |
| MA | 属性匹配 |
| ST | 文字样式 |
| COL | 设置颜色 |
| LA | 图层操作 |
| LT | 线形 |
| LTS | 线形比例 |
| LW | 线宽 |
| UN | 图形单位 |
| ATT | 属性定义 |
| ATE | 编辑属性 |
| BO | 边界创建，包括创建闭合多段线和面域 |
| AL | 对齐 |
| EXIT | 退出 |
| EXP | 输出其他格式文件 |
| IMP | 输入文件 |
| OP 或 PR | 自定义 CAD 设置 |
| PRINT | 打印 |
| PU | 清除垃圾 |
| R | 重新生成 |
| REN | 重命名 |
| SN | 捕捉栅格 |
| DS | 设置极轴追踪 |
| OS | 设置捕捉模式 |
| PRE | 打印预览 |
| TO | 工具栏 |

| | |
|---|---|
| V | 命名视图 |
| AA | 面积 |
| DI | 距离 |
| LI | 显示图形数据信息 |

### 常用 Ctrl 快捷键

| | |
|---|---|
| Ctrl＋1 | 修改特性 |
| Ctrl＋2 | 设计中心 |
| Ctrl＋O | 打开文件 |
| Ctrl＋N | 新建文件 |
| Ctrl＋P | 打印文件 |
| Ctrl＋S | 保存文件 |
| Ctrl＋Z | 放弃 |
| Ctrl＋X | 剪切 |
| Ctrl＋C | 复制 |
| Ctrl＋V | 粘贴 |
| Ctrl＋B | 栅格捕捉 |
| Ctrl＋F | 对象捕捉 |
| Ctrl＋G | 栅格 |
| Ctrl＋L | 正交 |
| Ctrl＋W | 对象追踪 |
| Ctrl＋U | 极轴 |

### 绘图命令快捷键

| | |
|---|---|
| PO | 点 |
| L | 直线 |
| XL | 射线 |
| PL | 多段线 |
| ML | 多线 |
| SPL | 样条曲线 |
| POL | 正多边形 |
| REC | 矩形 |
| C | 圆 |
| A | 圆弧 |
| DO | 圆环 |
| EL | 椭圆 |
| REG | 面域 |
| T 或 MT | 多行文本 |
| B | 块定义 |

| | |
|---|---|
| I | 插入块 |
| W | 定义块文件 |
| DIV | 等分 |
| H | 填充 |

**编辑命令快捷键**

| | |
|---|---|
| CO | 复制 |
| MI | 镜像 |
| AR | 阵列 |
| O | 偏移 |
| RO | 旋转 |
| M | 移动 |
| E | 删除 |
| x | 分解 |
| tr | 修剪 |
| ex | 延伸 |
| S | 拉伸 |
| LEN | 直线拉长 |
| SC | 比例缩放 |
| BR | 打断 |
| CHA | 倒角 |
| F | 倒圆角 |
| PE | 多段线编辑 |
| ED | 修改文本 |

**视图缩放快捷键**

| | |
|---|---|
| P | 平移 |
| Z＋空格 | 实时缩放 |
| Z | 局部放大 |
| Z+P | 返回上一视图 |
| Z＋E | 显示全图 |

**尺寸标注快捷键**

| | |
|---|---|
| DLI | 直线标注 |
| DAL | 对齐标注 |
| DRA | 半径标注 |
| DDI | 直径标注 |
| DAN | 角度标注 |
| DCE | 中心标注 |

| | |
|---|---|
| DOR | 点标注 |
| TOL | 标注形位公差 |
| LE | 快速引出标注 |
| DBA | 基线标注 |
| DCO | 连续标注 |
| D | 标注样式 |
| DED | 编辑标注 |
| DOV | 替换标注系统变量 |